Band 30

OutdoorHandbuch

Hartmut Engel

Spuren und Fährten

(mh)

Spuren und Fährten

Dieses OutdoorHandbuch hat 125 Seiten mit 46 farbigen Abbildungen sowie 39 Illustrationen. Es wurde auf chlorfrei gebleichtem Papier gedruckt, in Deutschland klimaneutral hergestellt und transportiert (die Zertifikatnummer finden Sie auf unserer Internetseite) und wegen der größeren Strapazierfähigkeit mit PUR-Kleber gebunden.

Titelbild: Rehbock (he)
Buchrücken: Elchkuh mit Kalb (Michael Grosch)

OutdoorHandbuch aus der Reihe „Basiswissen für draußen", Band 30

ISBN 978-3-86686-353-8 4. Auflage

Dieses OutdoorHandbuch wurde konzipiert und redaktionell erstellt vom Conrad Stein Verlag GmbH, Postfach 1233, 59512 Welver, Kiefernstraße 6, 59514 Welver, ☏ 023 84/96 39 12,
FAX 023 84/96 39 13, ✉ info@conrad-stein-verlag.de,
www.conrad-stein-verlag.de,
www.facebook.com/outdoorverlage

Unsere Bücher sind überall im wohl sortierten Buchhandel und in cleveren Outdoorshops in Deutschland, Österreich und der Schweiz erhältlich.
Auslieferung für den Buchhandel:

D	Prolit, Fernwald und alle Barsortimente
A	freytag & berndt, Wolkersdorf
CH	AVA-buch 2000, Affoltern und Schweizer Buchzentrum
I	Leimgruber A & Co. OHG/snc, Kaltern
BENELUX	Willems Adventure, LT Maasdijk
E	mapiberia f&b, Ávila

Text: Hartmut Engel
Illustrationen: Stefan Zabanski
Fotos: Hartmut Engel (he), Lars Engel (le), Matthias Hanke (mh), Marion Malinowski (mm), Wolfgang Winterhoff (ww)
Lektorat: Ulla Ackermann
Layout: Manuela Dastig

Gesamtherstellung: AZ Druck und Datentechnik GmbH, Kempten

Outdoorliteratur und Umweltschutz

- was könnte besser zusammenpassen? Wir vom Conrad Stein Verlag produzieren unsere Bücher so umweltschonend wie möglich.

Wir drucken klimaneutral!

Wir verwenden nicht nur umweltfreundliche Materialien, sondern arbeiten auch mit einer Druckerei zusammen, die sich für Klimaschutz engagiert. Dass beim Druck klimaschädliches CO_2 entsteht, lässt sich leider nicht vermeiden. Dies versuchen wir aber auszugleichen, indem wir Klimaschutzprojekte unterstützen - z.B. den Bau von Wasserkraftwerken, die besonders wenig CO_2 produzieren. So werden die Treibhausgase, die beim Druck unserer Bücher entstehen, an anderer Stelle eingespart. Auf unserer Homepage finden Sie für jedes Buch eine Climate-Partner-Zertifikatsnummer und einen Link zu der Seite www.climatepartner.com. Hier finden Sie weitere Informationen und können sehen, welche Umweltprojekte mit unseren Abgaben gefördert wurden.

Übrigens ...

... war der Conrad Stein Verlag der erste Buchverlag in Deutschland, der konsequent klimaneutral produzieren und transportieren ließ. Wir hoffen, dass uns viele andere Verlage auf diesem Weg folgen!

Über den Autor

Der Biologe Hartmut Engel ist seit mehr als 20 Jahren als Reisebuchautor tätig. Neben Artikeln für verschiedene Zeitschriften hat er zahlreiche Reise- und Sachbücher geschrieben.

Im Conrad Stein Verlag sind von ihm in der Reihe *Der Weg ist das Ziel* folgende OutdoorHandbücher erschienen: „Schottland: Speyside Way - Whisky Trail“, „Schottland: West Highland Way“, „Schottland: Munros“, „Irland: Shannon - Erne“, „Irland: Kerry Way“, „Nordirland: Coastal Ulster Way“, „Schweiz: Jakobsweg vom Bodensee zum Genfersee“, „Frankreich: Jakobsweg Via Gebennensis“, „Mallorca: Serra de Tramuntana“ (vergriffen), „Deutschland: Barbarossaweg“ und „Griechenland: Corfu Trail“ (mit Klaus Engel). In der Reihe *Basiswissen für draußen* ist er Autor folgender OutdoorHandbücher: „Essbare Wildpflanzen“ (mit Iris Kürschner) und „Urlaub auf dem Land“.

Vorwort

Im vorliegenden OutdoorHandbuch werden Spuren und Fährten von fast 60 Säugetieren in Wort und Bild vorgestellt. Außerdem enthält es Informationen zu Verbreitung, Lebensraum, Lebensweise und Verhalten der Tiere sowie weitere wichtige und interessante Fakten zu den einzelnen Tierarten.

Behandelt werden Säugetiere der nördlichen Breiten aus der Alten und Neuen Welt. In Amerika liegt dabei das Hauptaugenmerk auf Kanada und Alaska. Aus der Alten Welt sind insbesondere Arten aus Nordeuropa und Nordasien vertreten. Viele Arten sind typisch für die nördlichen Zonen, wie z.B. der Polarbär oder der Eisfuchs. Darüber hinaus sind auch Tiere aufgenommen, die ihr Verbreitungsgebiet vom Norden bis weit in den Süden hinein haben, wie z.B. der Puma, der in ganz Amerika zu Hause ist.

Einige Gruppen werden Sie in diesem Führer vermissen. Dazu gehören z.B. alle nur im Meer lebenden Säuger wie Wale, Delphine oder Robben, die große Gruppe der Insektenfresser mit Fledermäusen, Igeln oder Spitzmäusen und einige kleinere Nagetiere wie z.B. Mäuse. Alle diese Tiere hinterlassen keine oder nur schwer zu sehende und zu deutende Spuren, so dass auf sie bewusst verzichtet wird.

Das Handbuch erhebt nicht den Anspruch, aus dem Leser einen perfekten Scout machen zu wollen, der z.B. wie Old Shatterhand oder Winnetou anhand einer Pferdefährte auf Alter und Geschlecht des Reiters schließen kann. Dazu ist die Materie zu komplex. Allerdings lässt sich in den meisten Fällen nach einiger Übung und guter Beobachtung der Fakten aus der Fülle der von den einzelnen Tieren hinterlassenen Spuren und mit Hilfe der Informationen und Abbildungen aus diesem Buch auf eine Tierart oder fest umgrenzte Gruppe schließen.

Darüber hinaus soll das Buch dazu anregen, sich mit der Vielfalt der Säugetiere, ihrer Biologie und ihrem Schutz auseinander zu setzen. Den ersten Schritt dazu haben Sie getan, wenn Sie anhand der Spuren und Fährten wild lebende Säugetiere in ihrem Lebensraum entdeckt haben, die Sie sonst in der freien Wildbahn nicht gesehen hätten, weil sie z.B. sehr scheu sind und versteckt leben oder nur nachts aktiv sind.

Bitte beachten Sie aber bei allen Ihren Pirschgängen, dass die meisten frei lebenden Säugetiere streng geschützt sind und nicht gestört, verletzt oder gar getötet werden dürfen. Aber auch der Lebensraum der Tiere bedarf Ihres Schutzes und Sie sollten sich in der Natur nach der Devise „alles, was Sie zurücklassen, sind Ihre Fußabdrücke" verhalten. Und zu guter Letzt noch ein Rat: Denken Sie auch an Ihre eigene Sicherheit. Alle Tiere sind meist scheu und ergreifen in der Regel die Flucht. Doch manche, wie z.B. Bären, können auch dem friedlichen Beobachter gefährlich werden und ihn unter Umständen sogar töten.

Hartmut Engel

Danke

Bedanken möchte ich mich bei der Wildbiologin Dr. Leslie Baker, Texas University, und bei David R. Klein, Professor of Wildlife Management der University of Alaska in Fairbanks, die mir freundlicherweise Informationen zu einigen nordamerikanischen Arten zur Verfügung stellten. Außerdem danke ich „Hagenbecks Tierpark" und dem Wildpark „Schwarze Berge" in Hamburg, wo ich ausgiebig verschiedene Formen des Kots studieren konnte.

Der Verlag bedankt sich bei dem Wildpark Vosswinkel, in dem wir Fotos für dieses Buch machen durften.

Einleitung

Anmerkungen zur Interpretation von Spuren und Fährten

Dieses Buch soll dem Leser helfen, anhand von Spuren und Fährten auf die Art des Tieres zu schließen, das die Zeichen hinterlassen hat. Viele Bestimmungsbücher lassen den Leser im Glauben, dass es nur nötig sei, die Spur im Gelände mit der Abbildung im Buch zur Deckung zu bringen. Und schon habe man das gesuchte Tier. Leider ist es fast nie so einfach. Die Tiere haben nämlich die Eigenart, dass sie kaum jemals eine perfekte Spur, so wie sie im Buch abgebildet ist, hinterlassen. Dies gilt für alle Zeichen, die wir von den Tieren finden. Angefangen von Trittsiegeln über Fraßspuren und Kot bis hin zu Nestern und Bauten. Die Tiere sind individuelle Lebewesen, die sich z.B. in Größe, Form und Verhalten voneinander unterscheiden. Sie können z.B. innerhalb einer Population beträchtliche Größenunterschiede aufweisen. Junge Tiere haben kleinere Pfoten oder Hufe als ältere. Aber auch geografisch unterscheiden sich die Tiere in der Größe oftmals grundlegend. Hinzu kommt noch, dass auch das Umfeld zur Ausprägung einer Tierspur einen großen Beitrag leistet. Ein Trittsiegel sieht anders aus, wenn es im Schnee, im losen Sand oder im Schlamm hinterlassen wird.

Lassen Sie sich von all diesen Unwägbarkeiten aber nicht entmutigen. Sie werden im Laufe der Zeit mit Hilfe des Buches einen Blick für das Wesentliche entwickeln und anhand der verschiedenen Zeichen mit großer Sicherheit auf das Tier rückschließen können, das der Verursacher der Spur war. Besonders in der Anfangszeit sollten Sie sich aber nicht nur auf ein Zeichen verlassen. Suchen Sie so viele Spuren wie möglich. Wo ein Trittsiegel ist, finden sich in der Regel auch andere Zeichen. Aus der Kombination aller Zeichen werden Sie die Lösung finden.

Dabei sollten Sie nach dem **Ausschlussprinzip** vorgehen und zunächst einmal alle die Arten ausschließen, die aus irgendeinem Grund diese Spur nicht hinterlassen haben können. So bieten hier die

Beschreibungen des Lebensraumes und der Verbreitung den ersten Anhalt. Finden Sie z.B. eine Tierspur, die der Fährte eines Skunks ähnelt, sollten Sie sie nochmals in Ruhe überprüfen, wenn Sie sich z.B. in Norwegen aufhalten, wo es bekanntlich keine Skunks gibt.

Auch der **Lebensraum**, in dem Sie die Spuren finden, lässt schon eine ganze Reihe von Arten ausschließen, die dort nicht vorkommen sollten. Lassen Sie sich aber nicht verwirren, wenn Sie doch einmal ein Tier beobachten, das eigentlich gar nicht in diesen Lebensraum gehört. Die einzelnen Individuen halten sich leider nicht immer an die in den Fachbüchern vorgegebenen Lebensräume und wechseln gelegentlich in weniger geeignete Biotope über.

Eine große Bedeutung bei der Erkennung der einzelnen Arten kommt den **Trittsiegeln** zu. Bei guten Abdrücken können Sie viele Einzelheiten wie Ballen, Behaarung, Schwimmhäute, Zehennägel usw. erkennen und die möglichen Arten stark einkreisen. Sehen Sie sich die Trittsiegel genau an und vergleichen Sie sie dann mit den Abbildungen im Buch. In den meisten Fällen werden Sie den Abdruck im Buch wiederfinden. Bewährt hat es sich auch, wenn Sie den Abdruck auf ein Stück Papier abzeichnen und Ihre Zeichnung mit der im Buch vergleichen.

☺ Lassen Sie sich Zeit und erwarten Sie nicht sofort Erfolge. Die Identifizierung von frei lebenden Säugetieren anhand ihrer Spuren ist oft sehr schwierig und erfordert Übung und Routine. Mit jedem Bestimmungsversuch entdecken Sie Neues und lernen interessante Details hinzu. Schon nach kurzer Zeit werden Sie nicht nur anhand von Spuren und Fährten Rückschlüsse auf einzelne Arten ziehen können, sondern auch eine Menge über die Biologie der Säugetiere wissen.

Systematische Übersicht

Deutsche, englische, französische oder andere Trivialnamen für Tierarten sind nicht eindeutig. Häufig hat eine Tierart mehrere, regional unterschiedliche deutsche Bezeichnungen oder aber zwei Arten haben den gleichen Namen. Verwechslungen sind so leicht möglich. Wenn einer vom „Baribal“ spricht, weiß ein anderer vielleicht nicht, dass der „Schwarzbär“ gemeint ist. Um solche Verwechslungen und Missverständnisse auszuschließen, haben sich Biologen für Tiere und Pflanzen ein Namenssystem ausgedacht, das jeder einzelnen Art eine eigene, eindeutige wissenschaftliche Bezeichnung zuweist. Dieser Name besteht aus zwei Teilen: einem Gattungsnamen, der einen größeren verwandtschaftlichen Kreis bezeichnet, und dem eigentlichen Artennamen. So heißt z.B. der Wolf „Canis lupus“, weil er zur Gattung Canis (= Hundeartige) gehört. Die eigentliche Artbezeichnung innerhalb der Gattung ist dann „lupus“.

Die Arten werden in ein System eingeordnet, das möglichst die stammesgeschichtlichen Verwandtschaften der Tiere untereinander widerspiegeln soll. So stehen z.B. die Wale bei den Säugetieren und nicht bei den Fischen, obwohl sie eher wie Fische leben. Verwandtschaftlich gehören sie aber zu den Säugern.

Für dieses System hat man viele Kategorien geschaffen, in die die Arten eingruppiert werden. Ich gebe hier ein vereinfachtes System der Klasse der Säugetiere wieder, das sich an „Grzimeks Enzyklopädie der Säugetiere“ hält. Die hinter den Artennamen stehenden Zahlen verweisen auf die Seiten, auf denen die einzelnen Tiere näher beschrieben sind.

Allerdings sind diese Beziehungen bei vielen Arten noch lange nicht abschließend geklärt, so dass es auch in der zoologischen Nomenklatur mehrere Synonyme für ein und dieselbe Art gibt. Arten, die heute einen Namen haben, an den man sich endlich gewöhnt hat, können auf Grund neuerer Forschungen morgen schon wieder anders heißen. Gültig ist aber immer nur eine Bezeichnung. In älteren Veröffentlichungen stehen dann oft veraltete Namen und manche neue Namen werden offiziell nicht anerkannt oder sind noch umstritten. Um die Verwirrung möglichst gering zu halten, habe ich uns hier auch bei den wissenschaftlichen Bezeichnungen an die o.g. Enzyklopädie gehalten, die zwar nicht in jedem Spezialfall auf dem aktuellsten Stand ist, aber eine weltweit anerkannte Basis bietet.

Die folgenden Artbeschreibungen sind alle gleich aufgebaut. Auf der Textseite finden Sie Informationen zur Biologie einer Art, manchmal ergänzt durch Hinweise auf ähnliche Arten. Auf der Abbildungsseite finden Sie Zeichnungen der artcharakteristischen Spuren und Fährten sowie einen Schattenriss des jeweiligen Tieres.

☺ In den Beschreibungen zu den Abbildungen verweisen kleine schwarze Pfeile auf wichtige Bestimmungsmerkmale. **H** bedeutet Hinterfuß, **V** Vorderfuß.

Als Größenvergleich dient der Umriss einer Kreditkarte (8,55 cm lang und 5,4 cm breit), die im Gegensatz zu Münzen in allen Ländern gleich groß ist.

Begriffe, die nicht im Text erläutert sind, werden hier erklärt:

Afterklauen: Die bei Huftieren reduzierten zweiten und fünften Zehen, die häufig ein wichtiges Bestimmungsmerkmal für die Fährte darstellen.
Ballen: Elastisches, mit einer Hornhaut umgebenes Polster an den Pfoten von Nagern und Raubtieren sowie in den Hufen der Huftiere.
Kessel: Wohnhöhle in unterirdischen Bauten, aber auch Lager des Wildschweins.
Kopf-Rumpf-Länge: Von der Schnauzenspitze zum Schwanzansatz.
Losung: Säugerkot.
Malbaum: Baumstämme, an denen sich Hirsche oder Wildschweine reiben.
Schalen: Hornüberzug über die Zehen bei Paarhufern.
Schälen: Abfressen von Baumrinde.
Schrittlänge: Abstand von zwei Abdrücken desselben Fußes.
Spur: Manche Autoren unterscheiden zwischen Fährte (nur Schalenwild) und Spur (Kleinsäuger und Raubtiere). Ich benutze in diesem OutdoorHandbuch hierfür nur den Begriff Fährte, da mit Spuren auch alle anderen Hinterlassenschaften (z.B. Kot oder Fraßspuren) gemeint sind.
Taiga: Wald- und Sumpfgürtel der Nordhalbkugel.
Trittsiegel: Einzelner Fußabdruck.
Tundra: Moorähnlicher Landschaftstyp mit Moosen, Flechten und Zwergsträuchern oberhalb oder nördlich der Baumgrenze im kalten Klima der Polargebiete.

Spuren und Fährten - Beschreibung der Arten

Spielende Braunbärjungen (mh) ☞ Seite 57

Waldmurmeltier

Lat.: *Marmota monax*, Engl.: *Woodchuck*, Franz.: *Monax*

Kennzeichen: Wie alle Murmeltiere hat auch das Waldmurmeltier einen gedrungenen, plumpen Körper. Der Kopf ist breit und rund mit gut sichtbaren Ohren. Der buschig behaarte Schwanz ist mit etwa 15 cm relativ kurz. Das mehr oder weniger braune Fell ist dicht und rau und mit grauweißen Grannenhaaren durchsetzt. An den Zehen der kleinen Füße sitzen starke Krallen, mit denen die Tiere sehr gut graben können. Waldmurmeltiere werden bis zu 50 cm lang und können 4 kg schwer werden.

Laute: Schrilles Pfeifen

Verbreitung: Über weite Gebiete Nordamerikas

Lebensraum: Wald- und Kulturland

📷 *Iris Kürschner*

Lebensweise: Das tagaktive Waldmurmeltier ist die einzige Murmeltierart, die im Wald lebt. Bei Gefahr kann es sogar auf Bäume klettern. Während die anderen Murmeltiere mehr oder weniger gesellig sind, ist es ein reiner Einzelgänger.

Waldmurmeltiere graben tiefe Höhlen zwischen Felsen oder Wurzeln von Nadelbäumen, wo sie ihre Ruhephasen verbringen. Hier halten sie auch ihren Winterschlaf - manchmal mit Kaninchen oder Skunks gemeinsam in einem Bau. Bevor sie sich zum Winterschlaf zurückziehen, fressen sie sich ein dickes Fettpolster an. Dieses, vom Alpenmurmeltier als „Mankeischmalz" bekannte Fett, ist bei vielen Farmern, die von der angeblich heilenden Wirkung überzeugt sind, heiß begehrt.

Nahrung: Waldmurmeltiere fressen hauptsächlich Gras, Pilze und Beeren, gehen aber auch ins Kulturland, um Obst, Gemüse und Getreide zu fressen.

Eisgraues Murmeltier 📷 *Jan Süselbeck*

Besonderes: Im Felsengebirge im Westen Nordamerikas bis weit nach Alaska hinein und in Nordost-Sibirien lebt noch eine andere Murmeltierart, das sog. **Eisgraue Murmeltier** (*Marmota caligata*). Es ist ein typischer Gebirgs- und Hochgebirgsbewohner, der in der Lebensweise mit unserem **Alpenmurmeltier** (*Marmota marmota*) zu vergleichen ist. Mit den schwarzen Füßen und dem grauweißen Fell sehen diese Tiere besonders ansprechend aus.

Trittsiegel

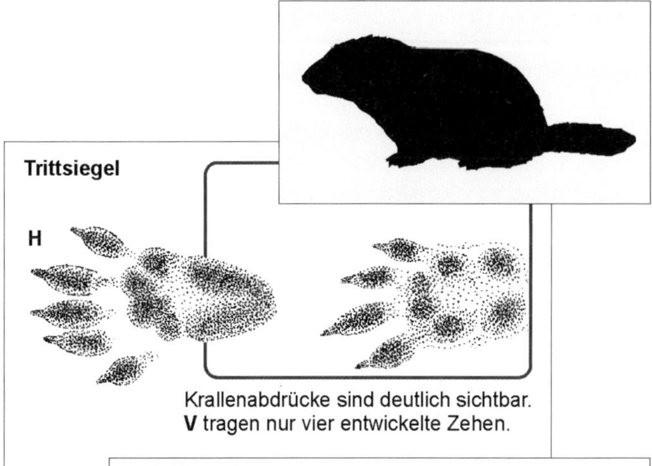

Krallenabdrücke sind deutlich sichtbar. **V** tragen nur vier entwickelte Zehen.

Fährten

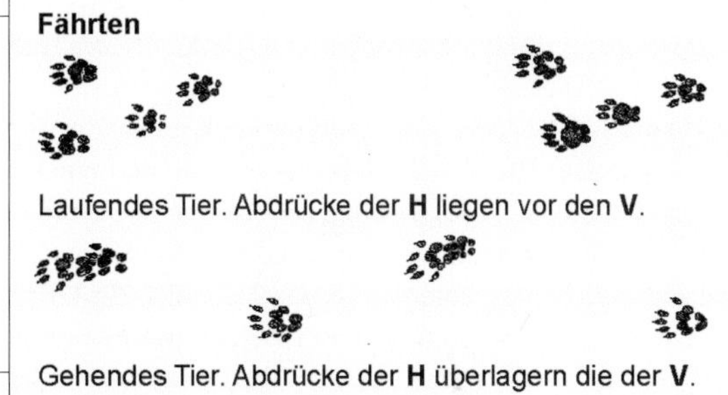

Laufendes Tier. Abdrücke der **H** liegen vor den **V**.

Gehendes Tier. Abdrücke der **H** überlagern die der **V**.

Kot

Kot ist selten zu finden, da die Tiere ihn meist in unterirdischen Kammern oder Latrinen absetzen.

Parry-Ziesel

Lat.: *Citellus undulatus*, Engl.: *Arctic Ground Squirrel*, Franz.: *Souslik de Parry*

Kennzeichen: Wie schon die englische Bezeichnung („Squirrel“) andeutet, haben die Ziesel, von denen es über 20 Arten sowohl in der Neuen als auch in der Alten Welt gibt, in der Gestalt viel Ähnlichkeit mit den Eichhörnchen. Das Parry-Ziesel gehört dabei zu den größten der Gattung. Es erreicht eine Kopf-Rumpf-Länge von bis zu 35 cm sowie eine Schwanzlänge von bis zu 15 cm.

Das Fell variiert in verschiedenen Brauntönen von rötlichbraun bis gelbbraun, an den Seiten grau. Unregelmäßig sind graue bis weißliche Flecken eingestreut. Der Schwanz ist z.T. mit einigen schwarzen Anteilen. Der Vorderfuß hat vier, der Hinterfuß fünf Ballen. Die Backentaschen reichen von der Mundhöhle bis zum Hinterende des Kopfes.

Laute: Pfeifen, Schreien, Kreischen, Knurren, Murksen

Verbreitung: Im hohen Norden von Alaska bis zur Hudsonbay sowie auf den meisten der Alaska vorgelagerten Inseln.

Lebensraum: Tundra sowie verbuschte Wiesen

Lebensweise: Die gesellig lebenden Ziesel sind tagaktiv. Bei Gefahr oder während der Ruheperioden verkriechen sie sich in Erdhöhlen oder zwischen Felsspalten. Dort verbringen sie auch von Oktober bis Mai den langen Winter, kommen aber gelegentlich für kurze Perioden aus ihrem Versteck. Im Juni oder Juli werden nach einer Tragzeit von 25 Tagen vier bis acht Junge geboren. Wegen des extrem kurzen Sommers wachsen sie sehr schnell und haben schon im Oktober die nötige Größe erreicht und genügend Reserven angelegt, um den Winter zu überstehen. Das Parry-Ziesel kann daneben auch noch einen Sommerschlaf halten, der wohl durch mangelnde Feuchtigkeit ausgelöst wird. Manchmal geht dieser „Dürreschlaf“ unmittelbar in die Winterruhe über, so dass das Ziesel nur wenige Monate aktiv ist.

Nahrung: Das Parry-Ziesel frisst im Wesentlichen Pflanzen, nimmt gelegentlich aber auch tierische Nahrung zu sich.

Besonderes: Die Inuit nutzen das Parry-Ziesel als Nahrungsquelle und verwerten das Fell für ihre Kleidung.

Trittsiegel

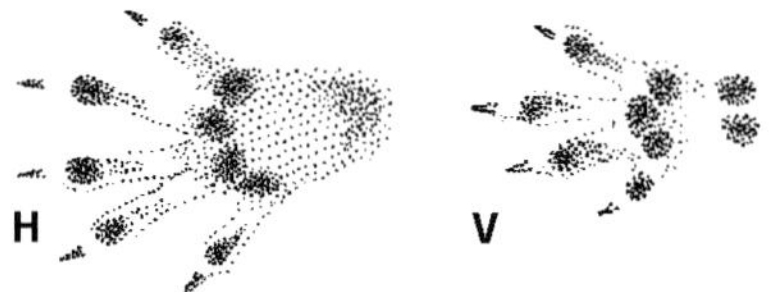

Deutliche Krallenabdrücke. **V** mit nur vier Zehen. Die Trittsiegel der verschiedenen Zieselarten sind schwer unterscheidbar.

Fährten

Sprungspur im Schnee. Die **H** liegen vor den **V**.

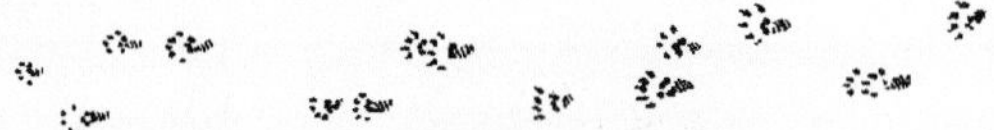

Spur eines gehenden Tieres. Man beachte die unregelmäßig gesetzten Abdrücke. Gelegentlich überlagern die **H** die der **V**.

Kot

Die Kotpillen sind von unregelmäßiger Form. Bei saftiger Nahrung hängen sie gelegentlich zusammen.

Sibirisches Streifenhörnchen

Lat.: *Tamias sibiricus*, Engl.: *Burunduk*, Franz.: *Burunduk*

Kennzeichen: Das von der Gestalt her an Eichhörnchen erinnernde Streifenhörnchen oder Burunduk erreicht eine Kopf-Rumpf-Länge von etwa 15 cm, der Schwanz wird bis zu 10 cm lang.

Wie alle Streifenhörnchen ist es durch eine auffallende Längsstreifung auf dem Rücken gekennzeichnet. Bei dieser Art ist der Rücken graubraun mit fünf breiten dunkelbraunen bis schwarzen Streifen.

Alle Streifenhörnchen haben große Backentaschen, in denen sie Nahrung über weite Strecken transportieren können. Die Fußsohlen sind bis zu den Ballen behaart.

Laute: Bei der Paarung stoßen sie Quaklaute aus, werden sie erschreckt, dann tschirpen sie (Alarmruf).

Verbreitung: In den nördlichen Waldgebieten (Taiga) Europas und Asiens

Kleines Chipmunk (mm)

Trittsiegel

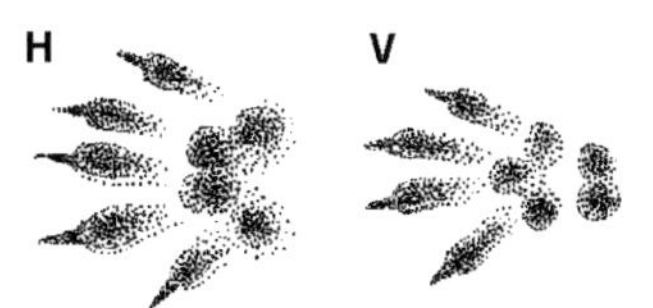

V mit nur vier Zehen. Die Trittsiegel können leicht mit denen von Ratten oder größeren Mäusen verwechselt werden.

Fährte

Die Tiere bewegen sich häufig hüpfend fort. Dabei werden die **H** vor die **V** gesetzt. Die Spuren sind auf Grund des geringen Gewichtes der Tiere meist nur in weichem Boden erkennbar.

Kot

Die sehr kleinen Kotpillen zeigen eine unregelmäßige Form und sind nur selten zu finden.

Lebensraum: Kiefern- und Lärchenwälder mit Unterwuchs
Lebensweise: Obwohl die tagaktiven Tiere überwiegend am Boden leben, können sie gut auf Bäume klettern. Sie graben Bauten, die bis zu 50 cm unter der Erde liegen können und mehrere Eingänge mit einem Durchmesser von etwa 5 cm haben. Hier verbringen sie von Oktober bis April den Winterschlaf.
Nahrung: Die Hauptnahrung des Streifenhörnchens sind Samen, Beeren und Insekten. Mitunter stehen aber auch Amphibien, Reptilien und Jungvögel auf dem Speiseplan. Im Kulturland können sie durch Plünderung von Getreidefeldern größere Schäden anrichten.
Besonderes: Die Streifenhörnchen werden mit den in Lebensweise und Aussehen ähnlichen sowie entwicklungsgeschichtlich nahe verwandten Chipmunks, die im Norden der Neuen Welt leben, zu den Backenhörnchen zusammengefasst. Allerdings sind sich die Zoologen über die Systematik dieser Gruppe noch nicht einig.

Zu den in Amerika beheimateten Arten gehört z.B. das **Kleine Chipmunk** *(Tamias minimus)*, das ein großes Verbreitungsgebiet in Nordamerika hat und dort relativ häufig ist. Durch das Ausgraben frisch gesäten Getreides richtet es mancherorts großen Schaden an.

Eichhörnchen

Lat.: *Sciurus vulgaris*, Engl.: *Tree Squirrel (Red Squirrel)*, Franz.: *Écureuil*

Eichhörnchen (he)

Kennzeichen: Eichhörnchen gehören wohl zu den bekanntesten wild lebenden Säugetieren unserer Heimat. Ihre typische Gestalt ist unverkennbar. Sie erreichen eine Kopf-Rumpf-Länge von 25 cm, und der buschige Schwanz wird bis zu 20 cm lang. Im Sitzen tragen sie ihn meist in einem Bogen über den Rücken gelegt. Die Ohren, die mit gut 3 cm relativ lang sind, tragen an den Spitzen auffällige Haarbüschel. Die Hand- und Fußflächen sind im Winter mit Haaren bedeckt, im Sommer fehlen sie. Die Farbe des Fells ist von Tier zu Tier sehr unterschiedlich. Sie variiert von hellgelb über rotbraun bis schwarz.

Laute: Keckern, Schnalzen, Knurren

Verbreitung: Das Eichhörnchen ist großflächig über weite Gebiete Europas und Asiens verbreitet.

Lebensraum: Wälder, Parks, Gärten und Wohnanlagen mit reichem Baumbestand

Lebensweise: Die tagaktiven, einzeln lebenden Eichhörnchen verbringen fast ihr ganzes Leben auf Bäumen. Sie sind sehr geschickte Kletterer und können weit springen. Aus abgenagten Zweigen bauen sie sich ein kugeliges, fest verankertes Nest (Kobel), das einen Außendurchmesser von fast einem halben Meter haben kann. Eichhörnchen halten keinen Winterschlaf.

Nahrung: Hauptsächlich Samen von Nadelbäumen, Bucheckern, Eicheln, Nüsse und Kastanien. Daneben werden auch junge Triebe und Knospen von Bäumen und Sträuchern gefressen sowie Rinde, Obst und Pilze. Gelegentlich erbeuten sie Eier, Jungvögel, Schnecken oder Insekten.

Besonderes: Das aus dem östlichen Nordamerika stammende **Grauhörnchen** (*Sciurus carolinensis*) ist nach England, Wales, Schottland und Irland eingeschleppt worden. Es wird etwas größer und ist aggressiver als sein einheimischer Verwandter und hat diesen stellenweise verdrängt.

Das in Nordamerika weit verbreitete **Rothörnchen** *(Tamiasciurus hudsonicus)* ähnelt unserem Eichhörnchen sehr stark. Es kommt bis weit in den Norden von Alaska vor.

Das Rothörnchen ähnelt unserem Eichhörnchen (he)

Trittsiegel

Abdrücke der scharfen Krallen meist deutlich. **V** mit nur vier Zehen.

Fährte

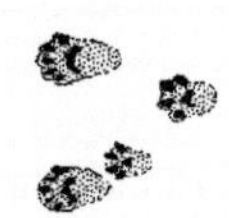

Schneespur eines springenden Tieres . Die Abdrücke der **H** liegen vor denen der **V**.

Kot

Längliche Kotpillen des amerikanischen Rothörnchens. Der Kot des Roten Eichhörnchens ist deutlich runder und ähnelt dem des Kaninchens.

Weitere Spuren

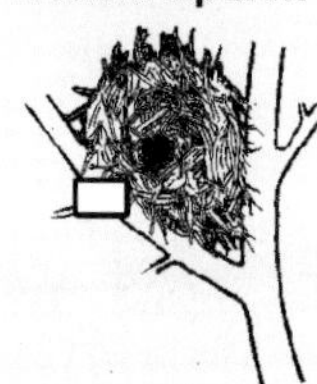

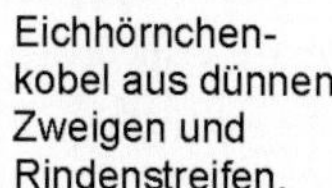

Eichhörnchenkobel aus dünnen Zweigen und Rindenstreifen.

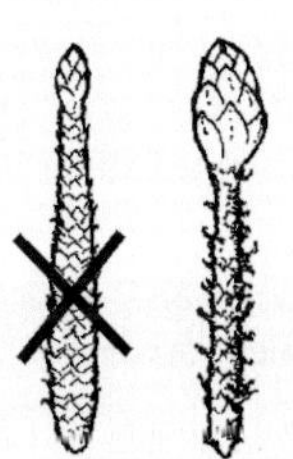

Abgenagte Fichtenzapfen. links: Maus rechts: Eichhörnchen

Biber

Lat.: *Castor fiber*, Engl.: *Beaver*, Franz.: *Castor*

Kennzeichen: Der etwa fuchsgroße, jedoch viel plumper wirkende Biber ist das größte europäische Nagetier. Charakteristisch ist der breite, horizontal abgeplattete Schwanz (Kelle), der statt mit Haaren mit Schuppen besetzt ist. Das weiche dichte Fell ist braunschwarz.
Laute: Knurren, Fauchen und Wimmern. Als Alarmsignal gilt unter Bibern das Klatschen mit dem Schwanz auf die Wasseroberfläche.
Verbreitung: Der Europäische Biber war früher über das ganze nördliche Europa und Asien verbreitet. Durch menschliche Verfolgung und Zerstörung der Lebensräume wurde er fast überall ausgerottet. Heute gibt es nur noch wenige Populationen.
Lebensraum: Biber bewohnen langsam fließende bzw. stehende Gewässer mit einer Tiefe von 1,5 bis 2 m, die im Winter nicht bis auf den Grund durchfrieren und im Sommer nicht austrocknen. Die Ufer müssen dicht mit Bäumen bestanden sein.
Lebensweise: Biber sind überwiegend in der Dämmerung und nachts aktiv. Sie sind ausgezeichnete Schwimmer und Taucher (Tauchzeiten bis 20 Minuten), an Land dafür aber sehr unbeholfen. Sie leben paarweise in kleinen Familien und markieren ihr Revier mit einem Sekret aus den Geilsäcken, die in der Analgegend liegen. Ihre Anwesenheit ist leicht an den typischen Wohn- und Dammbauten zu erkennen. Mit letzteren regulieren sie den Wasserstand ihrer Wohngewässer.
Nahrung: Biber sind reine Pflanzenfresser. Sie fressen Kräuter sowie Blätter, Zweige und Rinde von Bäumen. Um an die Blätter der Bäume zu gelangen, werden diese gefällt. Dazu werden sie kurz über dem Boden mit dem typischen Doppelkegelschnitt abgenagt. Für den Winter werden bis zu 2 m lange Äste in den Bau transportiert und dort gelagert.
Besonderes: In ganz Nordamerika ist der etwas dunklere **Kanadische Biber** (*Castor canadensis*) beheimatet. Er galt lange als Unterart seines Verwandten aus der Alten Welt, wird heute aber meist als eigene Art angesehen. Er wurde in Finnland ansässig und ist dort heute häufiger als die Ursprungsart.

Trittsiegel

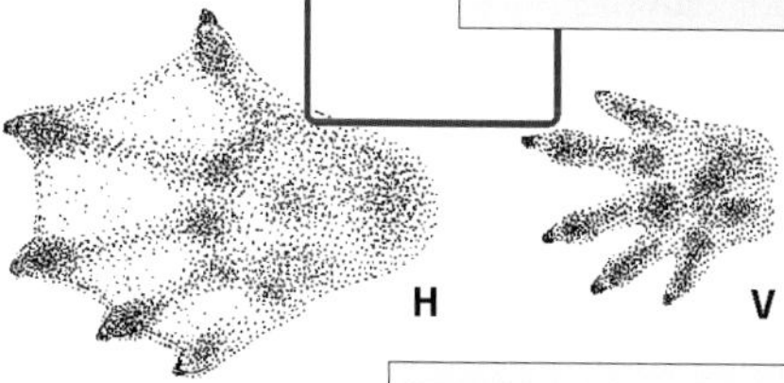

H V

Auf weichem Boden zeigt **H** die Umrisse der Schwimmhäute.

Fährte

Die **H** überdecken gelegentlich die **V**. Bei weichem Boden hinterlässt der breite Schwanz eine deutliche Schleifspur.

Kot

Biberkot bildet kompakte Kugeln aus Holzschnipseln. Meist findet man ihn im Wasser, da Biber Kot selten an Land absetzen.

Weitere Spuren

Typische „Holzfällerarbeit" eines Bibers.

Große Biberburg. Biber bauen Staudämme und graben Verbindungskanäle zwischen ihren Seen.

Bisamratte

Lat.: *Ondatra zibethicus*, Engl.: *Muskrat*, Franz.: *Rat musqué*

Kennzeichen: Bisamratten werden etwa kaninchengroß. Sie haben ein langhaariges, dichtes, weiches Fell. Auf der Oberseite ist es glänzend dunkel- bis kastanienbraun, auf der Unterseite braungrau bis schiefergrau. Die Tiere erreichen eine Kopf-Rumpf-Länge von ca. 35 cm. Der Schwanz, der seitlich abgeplattet ist (Biber horizontal abgeplattet!), wird etwa 25 cm lang. Er ist nackt und von feinen Schuppen besetzt.
Laute: Pfeifen, Piepsen, Zähnewetzen
Verbreitung: Fast in ganz Nordamerika und in weiten Teilen Europas und Asiens. Die Bisamratte ist ursprünglich nicht in der Alten Welt zu Hause. Erst 1905 wurden fünf Tiere in der Nähe von Prag ausgesetzt, die sich bis heute rasend schnell in Europa und Asien ausgebreitet haben. Von diesen Tieren stammen wahrscheinlich alle heute in Mitteleuropa lebenden Bisamratten ab.
Lebensraum: Die Tiere leben in langsam fließenden Bächen, Flüssen und stehenden Gewässern. Die Ufer müssen eine krautreiche Vegetation aufweisen und die Gewässer dicht mit Wasserpflanzen bewachsen sein.
Lebensweise: Bisamratten sind ausgezeichnet an das Wasserleben angepasst. Sie können sehr gut und schnell schwimmen und lange (bis zu 10 Minuten) tauchen. Ihre Bauten legen sie entweder in der Uferböschung an, wobei sie durch die langen, großen Gänge erhebliche Schäden an den Ufern anrichten können, oder sie errichten aus Pflanzenmaterial kegelförmige Burgen mit einem Durchmesser sowie einer Höhe von bis zu 2 m.
Nahrung: Hauptbestandteil der Nahrung sind Wasserpflanzen. Daneben wird die Rinde von Zweigen gefressen sowie Obst und Gemüse, Muscheln und Krebse.
Besonderes: Bisamratten liefern ein besonders wertvolles Fell, das in der Pelzindustrie sehr gefragt ist. Darüber hinaus werden die Moschusdrüsen in der Parfümherstellung verwendet und das Fleisch, das mit dem von Hausgeflügel zu vergleichen ist, wird verzehrt. In der Nahrungsmittelbranche gelten die Tiere als „Sumpfkaninchen“ oder „Musquash“.

Trittsiegel

V hat rudimentären Daumen. Keine Schwimmhäute an **H**.

Fährte

Die Abdrücke der **H** liegen in der Nähe oder über denen der **V**. Der seitlich abgeflachte Schwanz zieht eine deutliche Spur.

Kot

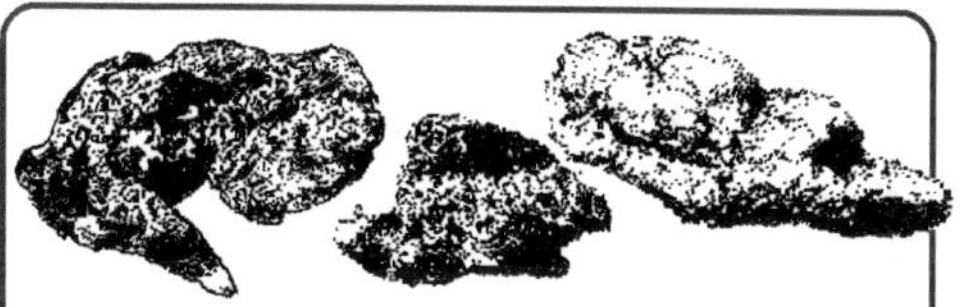

Bisamrattenkot ist unregelmäßig geformt. In Abhängigkeit von der Nahrung ist die Konsistenz breiig bis fest.

Weitere Spuren

Bisamrattenburgen sind kleiner und aus weicherem Pflanzenmaterial gebaut als Biberburgen. Häufig graben Bisamratten auch Baue in weiche Uferböschungen und erstellen Schwimmwechsel zwischen ihren Wasserlebensräumen.

Baumstachler (Urson)

Lat.: *Erethizon dorsatum*, Engl.: *Porcupine*, Franz.: *Erethiziontidés*

Kennzeichen: Der mit den Meerschweinchen verwandte Baumstachler oder Urson erinnert auf den ersten Blick an einen großen Igel. Bei einem Gewicht zwischen 4 und 7 kg wird er bis zu 65 cm lang. Hinzu kommt der Schwanz, der nochmals 20 cm misst. Er hat Ähnlichkeit mit der Biberkelle. Auf der Oberseite sitzen gut sichtbare Stacheln und auf der Unterseite Borsten. Das Fell ist dicht und schwarz. In ihm stecken, z.T. gut versteckt, zahlreiche, etwa 8 cm lange, mit Widerhaken versehene Stacheln, die die Tiere als Abwehrwaffen nutzen. Sie sind schwierig und nur unter Schmerzen wieder aus der Haut oder dem Muskelgewebe zu entfernen. Durch ihre spezielle Bauart arbeiten sie sich im Laufe der Zeit immer tiefer in den Körper des Angreifers ein und können ihn noch lange Zeit nach der Verletzung töten.
Laute: Schreien und Grunzen
Verbreitung: Im größten Teil Nordamerikas
Lebensraum: Größere, ausgedehnte Wälder
Lebensweise: Die nachtaktiven Baumstachler leben in der Regel als Einzelgänger in den Bäumen der Wälder. Sie sind ausgesprochen gute Kletterer, auf dem Boden dagegen etwas unbeholfen. Den Tag verschlafen sie in Nestern, die sie in Baum- oder Felshöhlen anlegen. Dort verbringen sie auch Schlechtwetterperioden und den Winter.
Nahrung: Im Sommer werden im Wesentlichen Triebe, Blätter und dünnere Zweige gefressen. Im Winter müssen sie dann auf Borke und Rinde sowie die Nadeln der immergrünen Nadelhölzer ausweichen. Zum Teil entrinden sie manche Bäume völlig, so dass ein erheblicher Waldschaden entstehen kann. Aus diesem Grund werden die Tiere in manchen Gegenden erbittert verfolgt. Gelegentlich verzehren sie auch frische Tierkadaver, Knochen oder abgeworfene Geweihe.
Besonderes: Baumstachler haben sehr starke Nagezähne, mit denen sie angeblich sogar dickes Glas durchnagen können. Auf jeden Fall sind sie beim Zerkleinern irgendwelcher Gegenstände nicht wählerisch. Sogar massive Blockhäuser sollen sie zum Einsturz gebracht haben.

Trittsiegel

V und **H** zeigen körnige Fußsohlen und kräftige Krallen. **V** hat nur vier entwickelte Zehen.

Fährte

Die Trittsiegel der **H** liegen stets nahe denen der **V** und überdecken sie teilweise, gelegentlich vollständig.

Kot

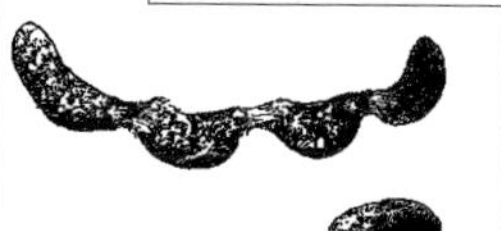

Baumstachlerkot findet man in der Nähe ihrer Behausungen häufig in großen Mengen.
Im Winter ist der Kot durch Holzfressen faserig fest, im Sommer weicher.

Weitere Spuren

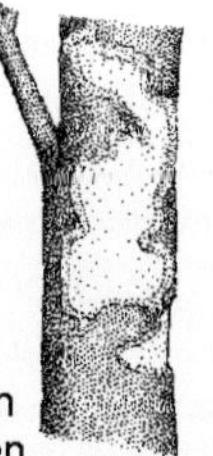

Verbissene Baumkronen.

Abgenagte Rinde in größerer Höhe. ▷

Ausgefallene Stacheln unter den Fraßbäumen.

Hermelin

Lat.: *Mustela erminea*, Engl.: *Ermine*, Franz.: *Hermine*

Junges Hermelin 📷 *James Lindsey, Ecology of Commanster*

Kennzeichen: Das Hermelin hat einen lang gestreckten schlanken Körper mit einem langen Schwanz, der etwa die halbe Körperlänge erreicht. Die Spitze des Schwanzes ist durch längere Endhaare etwas buschig und immer schwarz. Die Kopf-Rumpf-Länge ausgewachsener Tiere beträgt bis zu 30 cm, wobei die Weibchen einige Zentimeter kleiner sind.

Das Fell ist im Sommer braun, auf der Unterseite weiß. Im Winter verfärben sich Hermeline in der Regel, bis auf die schwarze Schwanzspitze, reinweiß. Im Frühjahr kann man häufiger braunweiß gefleckte Tiere beobachten, weil der Übergang vom Winter- zum Sommerfell relativ lange dauert. Im Herbst vollzieht sich der Fellwechsel allerdings sehr schnell, so dass zu dieser Jahreszeit keine gefleckten Tiere auftreten.

Trittsiegel

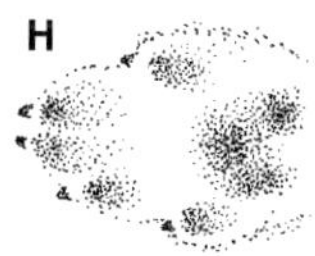

Die Pfoten sind stark behaart, so dass sich die Ballen nicht sehr deutlich abdrücken. Man beachte die geringe Größe der Trittsiegel.

Fährten

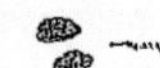

Sprungspur eines Wiesels im Schnee. **H** direkt in der Spur der **V**. Gelegentlich ist die Spur des Schwanzes auszumachen.

Andere Variation einer Sprungspur.

Kot

Man findet den Kot häufig an exponierten Plätzen, z.B. auf Steinen. Wieselkot hat eine sehr geringe Größe. Er ist leicht gedreht und enthält meist Haare. Soweit bekannt, fressen Wiesel keine Früchte, so dass Kot mit Beerensamen anderen Marderartigen zuzuordnen ist.

Laute: Fauchen, Knurren, Keckern, Trillern

Verbreitung: Weit verbreitet in Europa (außer Island), Asien, Grönland und Nordamerika.

Lebensraum: Bewohnt nahezu jeden Lebensraum, u.a. auch in der Nähe von Menschen oder in menschlichen Siedlungen. Im Gebirge bis etwa 3.500 m Höhe.

Lebensweise: Hermeline leben bevorzugt als Einzelgänger, z.T. aber auch in Familienverbänden. Sie sind vorwiegend nacht- und dämmerungsaktiv, durchstreifen ihr Revier aber durchaus auch am Tage. Unterschlupf finden sie in Erd- oder Baumhöhlen sowie in Stein- oder Reisighaufen. Auch Bauten von Hamstern, Schermäusen und Maulwürfen werden benutzt.

Die Reviere werden mit einem Sekret aus einer am After befindlichen Drüse markiert. Dazu richten sich die Tiere auf und machen „Männchen".

Nahrung: Die Hauptnahrung besteht aus Kleinsäugern bis zu Kaninchengröße, die durch einen Nackenbiss getötet werden. Daneben werden aber auch Fische, Amphibien, Reptilien und Vögel gefressen.

Besonderes: Das Hermelin kann leicht mit dem in Aussehen, Lebensweise und Verbreitung ähnlichen **Mauswiesel** (*Mustela nivalis*) verwechselt werden. Der Schwanz der Mauswiesel ist aber kürzer und immer ohne schwarze Schwanzspitze.

Sibirisches Streifenhörnchen ☞ *Seite 24*

Nerz

Lat.: *Mustela lutreola*, Engl.: *Mink*, Franz.: *Vison*

Kennzeichen: Der Nerz hat einen langen Körper mit kurzen Beinen. Der Kopf ist kurz und flach. Das dunkelbraune, glänzende Fell ist dicht und weich und mit langen Grannenhaaren durchsetzt. Die Oberlippe ist weißlich gefärbt. Zwischen den Zehen befinden sich kurze Schwimmhäute. Nerze können gut 40 cm (ohne Schwanz gemessen) lang werden.
Laute: Knurren, Trillern.
Verbreitung: Früher über ganz Europa und weite Teile Asiens verbreitet, heute nur noch in Finnland sowie von Osteuropa bis Westsibirien.
Lebensraum: Vegetationsreiche Ufer von kleineren Flüssen und Seen sowie Sümpfe.
Lebensweise: Die reviertreuen Einzelgänger sind dämmerungs- und nachtaktiv. Der Bau kann selbst gegraben sein, dann ist der Eingang meist unter Wasser und der Bau hat einen Luftschacht, oder er befindet sich in einem hohlen umgestürzten Baumstamm. Neben dem Bau, der das ganze Jahr über bewohnt wird, haben sie noch mehrere einfache Unterschlüpfe. Nerze können sehr gut schwimmen und tauchen, wobei sie bis zu zwei Minuten unter Wasser bleiben können.
Nahrung: Kleinere Säuger wie Ratten, Bisamratten, Schermäuse, aber auch Vögel, Amphibien, Fische, Krebse und Wasserinsekten.
Besonderes: In Nordamerika lebt ein naher Verwandter des Europäischen Nerzes, der **Mink** oder Amerikanische Nerz (*Mustela vison*). Er wird etwas größer als der europäische Vertreter, ähnelt ihm ansonsten aber sehr. Bestes Unterscheidungsmerkmal ist die Oberlippe, die beim Mink nicht weiß ist. Minks werden auch in Europa in Pelzfarmen gezüchtet, von wo sie wiederholt entkommen konnten, so dass heute auch hier wild lebende Populationen existieren.

Der in Europa verbreitete **Iltis** *(Mustela putorius)* ähnelt dem Nerz in Aussehen und Lebensweise. Er unterscheidet sich vom Nerz vor allem durch den kontrastreich hell und dunkel gefärbten Kopf und durch die deutlich sichtbare, gelbliche Unterwolle.

Trittsiegel

Die nackten Zehen- und Hauptballen sind in weichem Untergrund deutlich auszumachen. Die Schwimmhäute sind selten sichtbar.

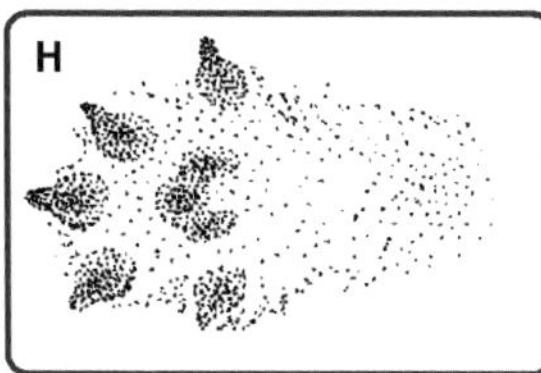

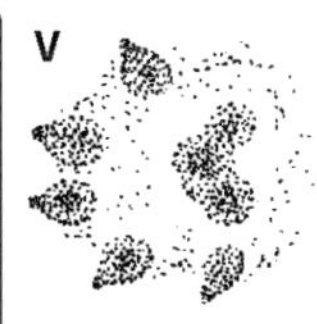

Fährte

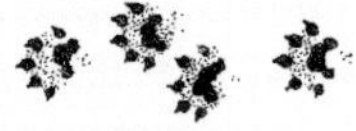

Die Fährten variieren stark. Häufig wechseln Gruppen von zwei, drei oder vier Abdrücken einander ab.

Kot

Der Kot ist meist schwarz, gedreht und mit Haaren von Nagern durchsetzt.

Baummarder

Lat.: *Martes martes*, Engl.: *Pine marten*, Franz.: *Martre des pins*

Kennzeichen: Der Baummarder hat einen langen und geschmeidigen Körper. Er ist etwa so groß wie eine Hauskatze, aber mit kürzeren Beinen. Der Kopf ist spitz mit langen, abgerundeten Ohren. Der buschige Schwanz erreicht etwa halbe Körperlänge. Das glänzende Fell ist dicht und weich mit langen Haaren. Von der Kehle bis zur Brust ist das Fell charakteristisch weißgelb bis rotgelb gefärbt. Die Fußsohlen sind stark behaart. Die Tiere erreichen bei einer Kopf-Rumpf-Länge von gut 50 cm ein Gewicht von bis zu 1.800 g.
Laute: Fauchen, Knurren, Keckern, Schreien
Verbreitung: Weit verbreitet in Europa und Asien, dort bis nach Sibirien. Nicht im nördlichsten Skandinavien und auf Island.
Lebensraum: Größere Laub- und Nadelwälder sowie Parkanlagen. Im Gebirge bis zur Baumgrenze.
Lebensweise: Die dämmerungs- und nachtaktiven Einzelgänger sind geschickte Kletterer, die große Strecken auf Bäumen zurücklegen können, ohne auf den Boden zu kommen. Dabei können sie bis zu 4 m von Baum zu Baum springen. Ihren Unterschlupf haben sie in Baumhöhlen, unbewohnten größeren Vogelnestern oder Felsspalten.
Nahrung: Die Nahrung besteht aus Kleinsäugern aller Art bis zu Kaninchengröße, aus Vögeln bis Hühnergröße, Insekten, Reptilien sowie Beeren (vor allem Vogelbeeren) und Bucheckern.
Besonderes: Der amerikanische Vertreter unseres Baummarders ist der **Fichtenmarder** oder Amerikanischer Marder (*Martes americana*). Er lebt in Kanada, Neufundland, Alaska und im Westen der USA bis nach Neu Mexiko. In seiner Lebensweise entspricht er unseren europäischen Mardern. Körperbau und Fell sind gleich, er wirkt aber etwas gedrungener und wird mit bis zu 2.700 g deutlich schwerer. In Europa kommt darüber hinaus ein dem Baummarder sehr ähnlicher Marder, der **Steinmarder** *(Martes foina)*, vor. Er hat seinen Verbreitungsschwerpunkt allerdings weiter südlich und besiedelt den Norden nur bis Dänemark. Seine Fußsohlen sind nackt, und er wird schwerer als der Baummarder.

Trittsiegel

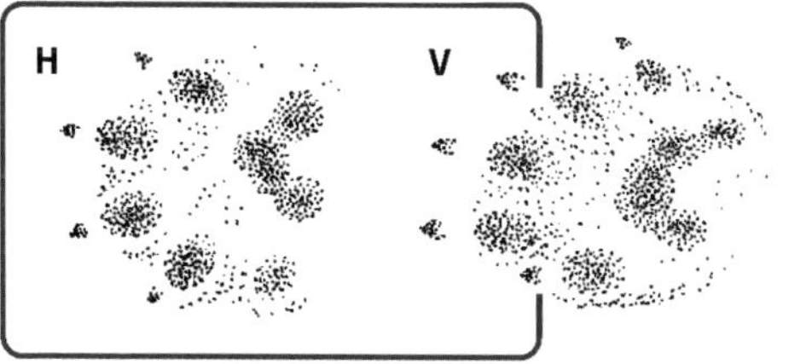

Die Pfoten des Baummarders sind - im Gegensatz zum Steinmarder - stark behaart. Nicht immer sind die Abdrücke aller fünf Zehen sichtbar.

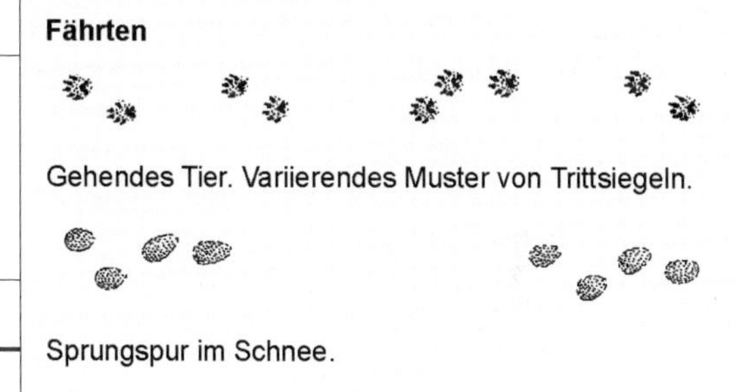

Fährten

Gehendes Tier. Variierendes Muster von Trittsiegeln.

Sprungspur im Schnee.

Kot

Der Kot enthält neben den Haaren und Knochen kleiner Nager gelegentlich Samen verschiedener Früchte. Das unterscheidet vom Hermelin und Nerz.

Vielfraß

Lat.: *Gulo gulo*, Engl.: *Glutton*, Franz.: *Glouton*

Kennzeichen: Der Vielfraß ist das größte marderartige Tier Europas. Es wird etwas größer als der Dachs. Das Tier wirkt plump und massig und hat kurze breite Pfoten mit Spannhäuten zwischen den Zehen.

Ein Vielfraß erinnert an einen jungen Braunbären, unterscheidet sich von ihm aber durch den deutlich sichtbaren, mittellangen Schwanz. Die Farbe des langen, dichten Fells ist individuell und geografisch sehr unterschiedlich. Meist dominiert ein dunkles Braun. Stirn, Kopfseiten und Flanken des Tieres sind oft gelblich.

Laute: Fauchen, Knurren und Kreischen

Verbreitung: Nordeuropa, Nordasien und große Teile Nordamerikas. Breitet sich zur Zeit weiter nach Norden aus und ist sogar auf Grönland angetroffen worden.

Lebensraum: Ausgedehnte Wälder, bewaldete Gebirgsausläufer, Taiga und Tundra sowie Fels- und Moorgebiete.

Im Gebirge kommt er bis in eine Höhe von 4.000 m vor.

Lebensweise: Die einzeln lebenden Tiere sind vorwiegend nachtaktiv, sind aber auch am Tage zu sehen. Die Männchen bewohnen große Territorien von 200 bis 1.600 km² Größe, die sie mit Duftmarken gegen andere Männchen abgrenzen. Innerhalb dieser Territorien leben oft Weibchen mit eigenen Revieren. Während der Paarung im Mai und Juni leben Weibchen und Männchen für kurze Zeit zusammen. Die Tragzeit dauert bis zu neun Monaten. Der Wurf besteht meist aus zwei bis drei Jungen, die ihre Augen erst nach 30 Tagen öffnen. Mit einem Jahr sind die Jungtiere selbstständig und mit zwei Jahren geschlechtsreif.

Nahrung: Kleinere Säugetiere, Vögel, Eier, Insekten, Reptilien sowie kranke oder hilflose größere Säuger und unbewachte Kälber von Elchen oder Renen. Daneben auch Aas und pflanzliche Kost wie Beeren und Früchte sowie Baumtriebe.

Besonderes: Der Name des Tieres leitet sich nicht von seinen Fressgewohnheiten ab, sondern von dem altnordischen *Vielfraß*, was soviel wie „Felsenkatze“ bedeutet. Im Skandinavischen heißt das Tier „Jerv“.

Trittsiegel

Die Zehen der Pfoten sind beim Laufen häufig gespreizt.

H

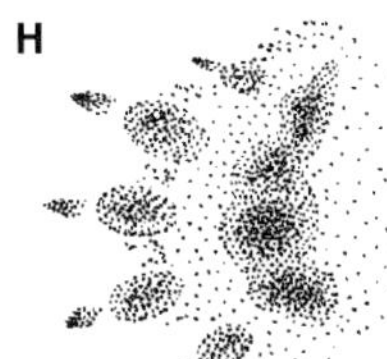

V

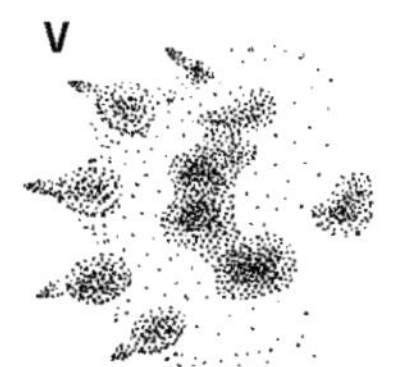

Fährte

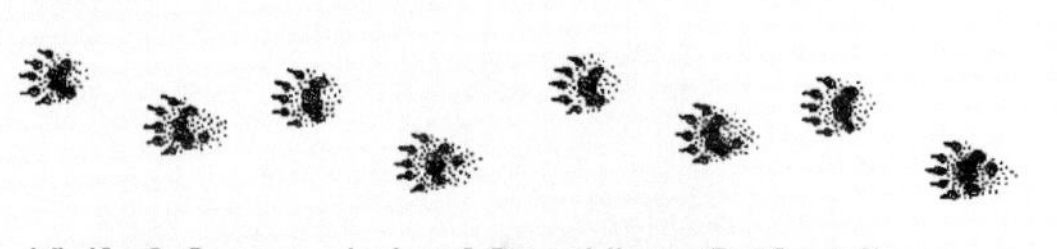

Vielfraß-Spuren sind auf Grund ihrer Größe mit Wolfsspuren zu verwechseln, wenn nur vier der jeweils fünf Zehen in den Abdrücken sichtbar sind.

Kot

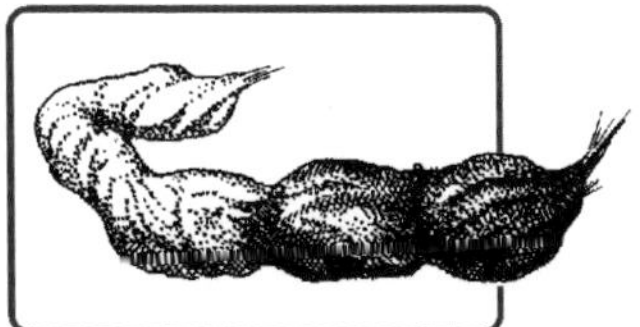

Der Kot des größten Marders enthält, wie der seiner kleineren Verwandten, Haare und Knochenstücke von Nagern.

Dachs

Lat.: *Meles meles*, Engl.: *Badger*, Franz.: *Blaireau*

Kennzeichen: Der Dachs ist durch die charakteristischen, scharf abgesetzten, waagerecht verlaufenden, schwarzweißen Streifen unverwechselbar. Auch sein plumper keilförmiger Körper kann kaum mit anderen Tieren verwechselt werden. Das raue Fell variiert von silbergrau über grau bis gelbbraun. Auf der Unterseite geht es in Schwarz über. Markant sind auch die Zehen des Vorderfußes, die besonders lange und starke Krallen besitzen, was sich im Trittsiegel deutlich abzeichnet.

Dachs 📷 *Ingrid Retterath*

Trittsiegel

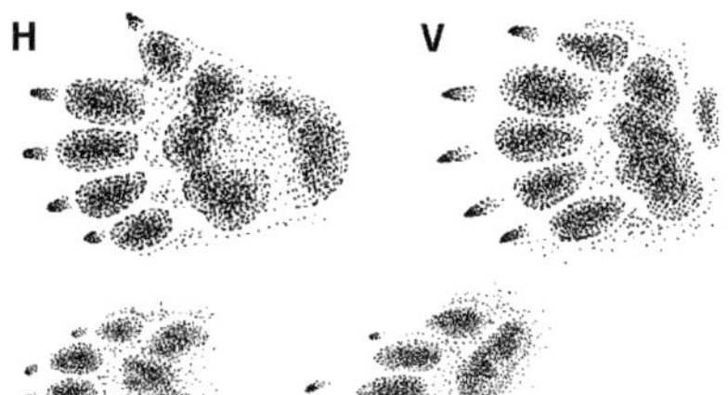

Europ. Dachs

Silberdachs

Kräftige Krallenabdrücke an den **V**.

Fährte des Europäischen Dachses

Fährte des Silberdachses

Die Abdrücke der **H** überlagern die Abdrücke der **V** im hinteren Bereich.

Kot

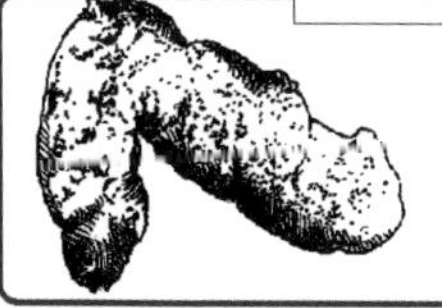

Kot wird meist in Latrinen in Baunähe abgesetzt.

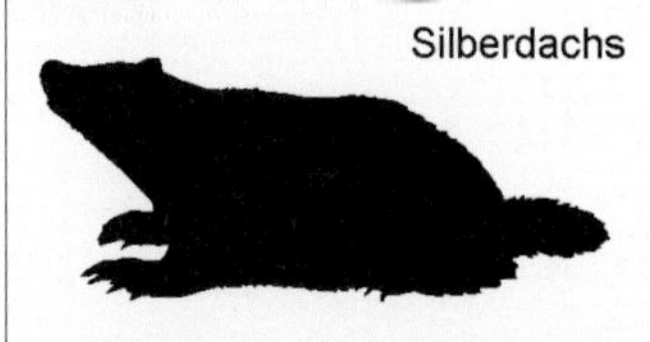

Laute: Keckern und Grunzen. Am bekanntesten ist der „Ranzschrei“, der sich wie das Schreien eines gequälten Kindes anhört und häufig während der Brunst von sich gegeben wird.
Verbreitung: Über weite Teile Europas und Mittelasiens. In Nordskandinavien, Island und im Norden Schottlands fehlend.
Lebensraum: Der Dachs lebt vorwiegend in Laub- und Mischwäldern, aber auch in Flusstälern und Parklandschaften. Im Gebirge kommt er bis in etwa 2.000 m Höhe vor.
Lebensweise: Die dämmerungs- und nachtaktiven Tiere leben einzeln, paarweise oder im kleineren Familienverband. Tagsüber und im Winter halten sie sich in ihrem riesigen Bau auf. Das weit verzweigte Gangsystem mit mehreren Eingängen kann eine Länge von 100 m erreichen und geht oft tief in die Erde hinein. Stellenweise sind die Gänge zu Wohnräumen (Kesseln) erweitert. In größeren Dachsbauen leben z.T. mehrere Familien friedlich nebeneinander.

Dachse können sich, den Winter ausgenommen, das ganze Jahr über paaren. Die Hauptbrunstzeit fällt jedoch in den Hochsommer. Nach einer relativ langen Tragzeit, die bis zu einem Jahr dauern kann, werden bis zu sechs blinde Junge geboren.
Nahrung: Dachse sind Allesfresser. Der Anteil pflanzlicher Nahrung macht beim Dachs aber den größten Teil aus. An tierischer Nahrung nimmt er vor allem Regenwürmer, Schnecken, Frösche sowie alle toten und lebenden Tiere, die er überwältigen kann.
Besonderes: In Nordamerika wird unser Dachs durch den **Silberdachs** (*Taxidea taxus*) vertreten, der deutlich kleiner und leichter ist.

Streifenskunk

Lat.: *Mephitis mephitis*, Engl.: *Striped skunk*, Franz.: *Moufette*

Kennzeichen: Der Streifenskunk hat einen plumpen, stämmigen Körper mit einem kleinen, spitzen Kopf. Auffallend ist der lange und buschige Schwanz. Das langhaarige Fell ist schwarz mit einem breiten weißen Streifen vom Nacken über die Seiten bis zum After. Ebenso ist der Hinterkopf weiß und von der nackten Nase verläuft ein weißer Streifen zwischen den Augen bis zum Hinterkopf. Allerdings ist die Ausdehnung und Anordnung der Streifen innerhalb der Art sehr variabel.
Laute: Skunks geben so gut wie nie Laute von sich.
Verbreitung: Nordamerika von Südkanada bis in den Norden Mexikos

Streifenskunk 📷 *www.birdphotos.com*

Lebensraum: Der Streifenskunk lebt im Buschwald und Grasland und hält sich auch in der Nähe menschlicher Siedlungen auf.

Lebensweise: Die langsamen und bedächtigen Streifenskunks sind nachtaktiv und halten sich tagsüber in Erdbauen anderer Tiere (teilweise mit ihnen zusammen) oder in selbst gegrabenen Erdhöhlen auf. Die Baue und Eingänge werden durch Kot markiert.

Männliche erwachsene Rüden sind im Sommer Einzelgänger, während sie im Winter meist mit mehreren Weibchen und Jungtieren in einem gemeinsamen Bau eine Winterruhe halten, die allerdings immer wieder unterbrochen wird. Die Paarung erfolgt im Februar und März. Nach etwa zwei Monaten werden vier bis zehn nackte, blinde Jungen geboren.

Nahrung: Streifenskunks sind Allesfresser, die neben verschiedener Pflanzenkost auch Wirbellose (z.B. Insekten, Regenwürmer) und kleinere Wirbeltiere bis zu Kaninchengröße fressen.

Besonderes: Wie alle Marder haben auch die Skunks am After Drüsen, in denen ein Sekret gebildet wird. Bei ihnen ist es aber zu einer regelrechten Abwehrwaffe geworden. Bis auf mehrere Meter können sie einem Angreifer zielgenau die übelriechende und gesundheitsschädliche Flüssigkeit entgegenspritzen, was ihnen auch den Namen „Stinktier“ eingebracht hat.

Diese Waffe schützt zuverlässig vor Raubsäugern; nur Greifvögel und Eulen, die ja nicht riechen können, schreckt der Gestank nicht im Geringsten ab.

Trittsiegel

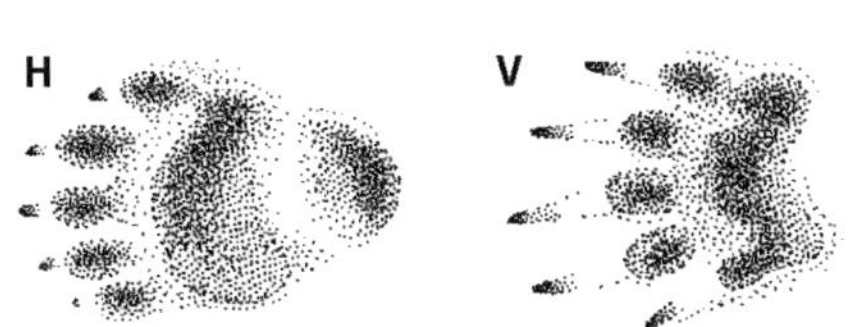

Auffallendstes Merkmal sind die langen Krallen der **V**. Große, weiche Hauptballen.

Fährte

Bei schneller Gangart liegen die Abdrücke der **H** vor denen der **V**. Meist ist die Trittsiegelfolge relativ unregelmäßig.

Kot

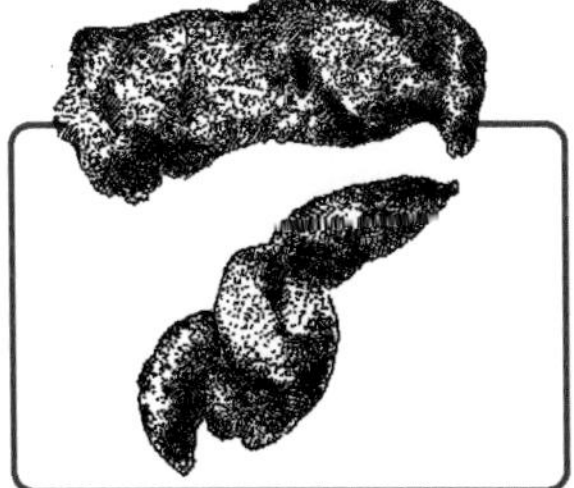

Skunkkot besteht hauptsächlich aus Insektenteilen. Aber auch verzehrte kleine Säuger und Früchte können durch deren Haare bzw. Samen nachgewiesen werden.

Fischotter

Lat.: *Lutra lutra*, Engl.: *Otter*, Franz: *Loutre*

Kennzeichen: Fischotter haben einen lang gestreckten, walzenförmigen Körper. Der rundliche Schwanz ist kräftig und verjüngt sich zur Spitze hin. Das Fell ist sehr dicht. Auf der Oberseite ist es dunkelbraun, auf der Unterseite heller. Bei älteren Tieren sind die Kopfseiten, der Hals und die Ohrränder weißlich bis grau. An der mehr oder weniger stumpfen Schnauze stehen eine Reihe langer Tasthaare. Die Ohren sind klein und verschließbar. Die Beine sind kurz und die Sohlen nackt. Zwischen den Zehen der Vorder- und Hinterfüße befinden sich Schwimmhäute.
Laute: Piepen, Pfeifen, Fauchen, Kläffen, Kreischen
Verbreitung: Europa (nicht Island) und große Teile Asiens. Erreicht im Norden den Polarkreis. In Amerika wird die Art durch den **Nordamerikanischen Fischotter** (*Lutra canadensis*) vertreten, der in Aussehen und Verhalten seinem europäischen Verwandten gleicht. Er besiedelt Nordamerika von Alaska und Labrador bis zu den Südstaaten der USA.
Lebensraum: Der Fischotter lebt an stehenden und fließenden Gewässern, die eine dichte, reich gegliederte Ufervegetation aufweisen. Gelegentlich trifft man ihn auch an der Meeresküste an, wo er vor allem die Mündungsbereiche von Flüssen bewohnt.

Im Gebirge kommt er bis etwa 2.500 m Höhe vor.
Lebensweise: Fischotter sind sowohl tag- als auch nachtaktiv. In besiedelteren Gebieten halten sie sich tagsüber allerdings in selbst gegrabenen oder natürlichen Erdhöhlen in der Uferböschung, deren Eingänge in der Regel unter Wasser liegen, versteckt. Sie sind Einzelgänger und können sehr gut schwimmen und ausdauernd (bis zu 10 Min.) tauchen. Die Reviere, die auf den Ufersaum beschränkt sind, werden markiert. Ihre Länge schwankt je nach Nahrungsangebot zwischen 2 und 20 km. Fischotter benutzen immer wieder die gleichen Ausstiege aus dem Wasser ans Ufer, so dass regelrechte Pfade (sog. „Otterstiege“) entstehen. Gelegentlich werden auch Rutschbahnen ins Wasser angelegt.
Nahrung: Vor allem Fische, aber auch Kleinsäuger, Wasservögel, Amphibien, Flusskrebse, Muscheln und Schnecken.

Trittsiegel

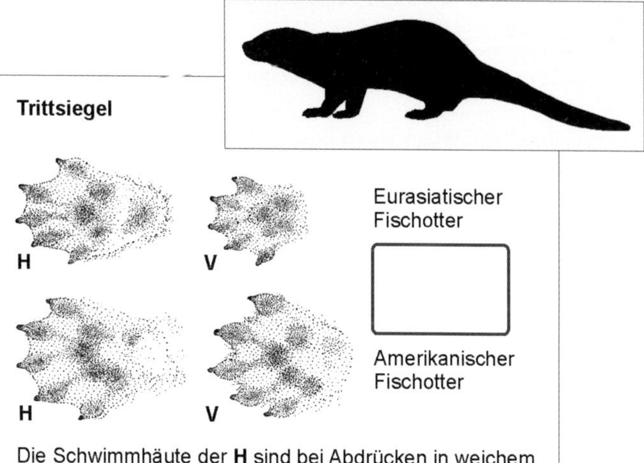

Die Schwimmhäute der **H** sind bei Abdrücken in weichem Boden gut erkennbar.

Fährte

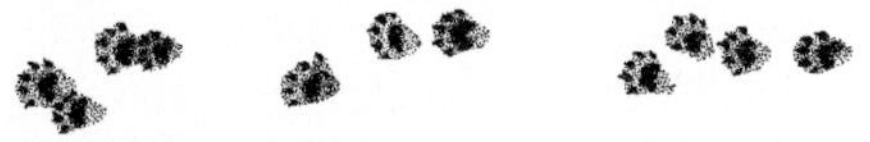

Typisches Laufmuster: Dreier- und Vierergruppen der Trittsiegel. Bei weichem Boden oder im Schnee hinterlässt der kräftige Schwanz eine deutliche Schleifspur.

Kot

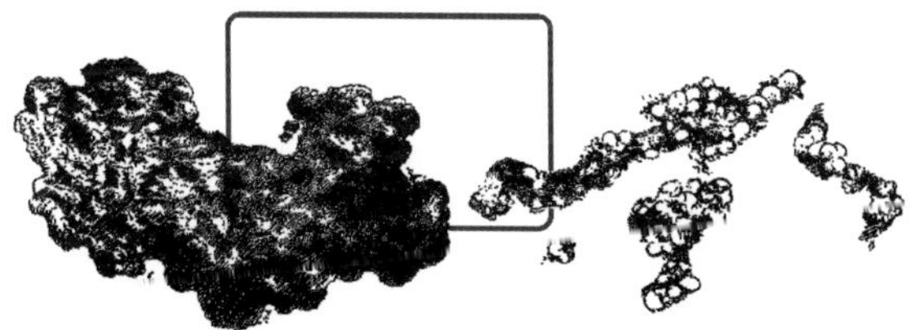

Der Kot nach Verzehr von Fröschen ist eine amorphe schwarze Masse.

Nach Fischmahlzeiten sind stets Schuppen und Gräten im Kot nachweisbar.

Waschbär

Lat.: *Procyon lotor*, Engl.: *Raccoon*, Franz.: *Raton*

Kennzeichen: Der Waschbär ist etwas größer als eine Hauskatze. Er hat einen plumpen, gedrungenen Körper mit kurzen Beinen. Besonders auffallend ist die schwarze Gesichtsmaske.

Im Gegensatz zum Marderhund ist der dicke buschige Schwanz mit einer Reihe breiter heller und dunkler Ringe versehen. Darüber hinaus sind die Ohren größer und ragen weit aus dem Fell heraus.

Das langhaarige Fell ist überwiegend graubraun bis eisengrau.

Laute: Knurren, Kreischen, Keckern

Verbreitung: Nord- und Mittelamerika. In Europa werden die Tiere in verschiedenen Gebieten in Pelztierfarmen gehalten. Von dort sind sie teilweise entkommen und konnten sich dann rasch über größere Gebiete verbreiten. Die Ausbreitung hält gegenwärtig immer noch an.

Für Nordeuropa liegen bis jetzt keine Nachweise vor, wohl aber für Deutschland und Polen.

Waschbär (he)

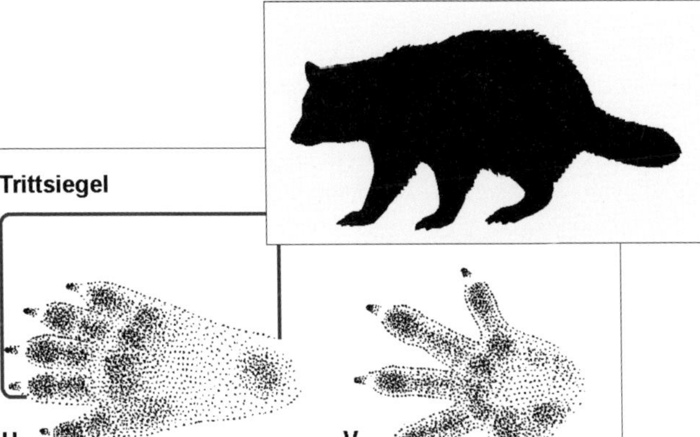

Trittsiegel

In weichem Substrat wirken insbesondere die Trittsiegel der **V** wie die Abdrücke kleiner Menschenhände.

Fährte

Die abgebildete Fährte zeigt eine nur dem Waschbären eigene Form. Hier liegt stets der Abdruck einer **H** neben dem einer **V**. Es gibt eine große Zahl weiterer Fährtenformen.

Kot

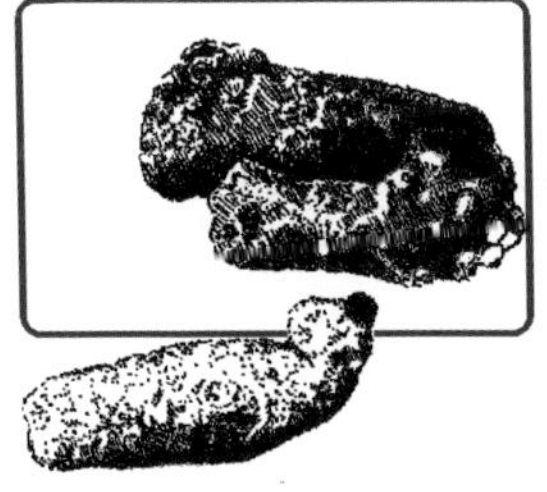

Waschbärenkot ist - auf Grund des breiten Nahrungsspektrums - sehr variabel in Form, Konsistenz, Färbung und Geruch.

In regelmäßig genutzten Latrinen kann man größere Kotmengen verschiedensten Alters finden.

Trittsiegel vom Waschbär (le)

Lebensraum: Der Waschbär ist sehr anpassungsfähig und nicht auf einen bestimmten Lebensraumtyp beschränkt. Er bevorzugt vor allem Laub- und Mischwälder und Feuchtgebiete, kommt aber ebenso in Parkanlagen und Gärten vor.

Lebensweise: Die Tiere leben als Einzelgänger und sind in der Dämmerung und nachts aktiv. Den Tag verbringen sie in Baumhöhlen, die oft weit über dem Erdboden liegen, sowie zwischen Felsspalten oder in Erdhöhlen.

Waschbären können gut schwimmen und klettern. Oftmals gelangen sie von außen auf die Dachböden von Häusern, wo sie des Nachts durch ihre Geräusche auf sich aufmerksam machen.

In strengen Wintern halten sie in Höhlen versteckt eine Winterruhe.

Nahrung: Waschbären sind Allesfresser. Bei der Nahrungsaufnahme werden oft die Hände zum Halten benutzt.

Besonderes: Der Waschbär gehört nicht zur europäischen Fauna. Zu seinen Beutetieren zählen eine Reihe bedrohter Tierarten, deshalb erscheint eine Reduzierung frei lebender Populationen in Europa angebracht.

Braunbär

Lat.: *Ursus arctos*, Engl.: *Brown bear*, Franz.: *Ours brun*

Kennzeichen: Braunbären haben einen großen, schweren Körper mit einem breiten Kopf. Größe und Gewicht variieren je nach Vorkommen zwischen 70 kg bei einer Gesamtlänge von 170 cm (Europäischer Braunbär) und über 500 kg bei einer Gesamtlänge von bis zu 350 cm (Kodiakbär). Das scheinbar schwanzlose Tier hat ein zottiges Fell, das in allen Brauntönen variieren kann und gelegentlich auch grau oder schwarz ist.

Laute: Brummen und Schnaufen

Verbreitung: Europa, Asien und Nordamerika. In Europa meist nur noch kleine, voneinander isolierte Vorkommen.

Lebensraum: Der Braunbär lebt bevorzugt in von Menschen unberührten großräumigen Wald- und Berglandschaften.

Lebensweise: Wild lebende Braunbären sind sehr scheue Einzelgänger, die bei der geringsten Störung die Flucht ergreifen. Trotzdem

Ein Grizzly auf Lachssuche (mh)

ist immer äußerste Vorsicht angeraten, denn unvorhergesehene Begegnungen können tödlich enden! Branbären sind sowohl am Tag als auch in der Nacht aktiv. In einer geschützten Erdhöhle verbringen sie den Winter in einer Art Halbschlaf. Im Gegensatz zu den echten Winterschläfern sind sie dadurch in der Lage, bei Gefahr das Winterlager zu verlassen.

Nahrung: Braunbären sind vielseitige Allesfresser, die je nach Jahreszeit und Verfügbarkeit besondere Vorlieben für bestimmte Nahrung entwickeln. So ist z.B. der in Alaska lebende Kodiakbär dafür bekannt, dass er zur Wanderzeit der Lachse Unmengen der laichreifen Fische aus den Flüssen fängt und verspeist.

Besonderes: Braunbären kommen in sehr vielen geografischen Unterarten vor, die sich vor allem in der Größe der Tiere unterscheiden. Neben dem **Europäischen Braunbär** (*Ursus arctos arctos*) sind der **Kamtschatkabär** (*Ursus arctos beringianus*), der **Kodiakbär** (*Ursus arctos middendorffi*) und der früher als eigene Art angesehene **Grizzlybär** (*Ursus arctos horribilis*) am bekanntesten. Während die europäischen Braunbären die kleinsten Vertreter ihrer Art sind, sind die nordamerikanischen und vor allem die ostasiatischen Unterarten wahre Giganten. Der Kodiak- und der Kamtschatkabär gelten als die größten lebenden Landraubtiere.

Bärenspur (ww)

Trittsiegel (Grizzly)

H

V

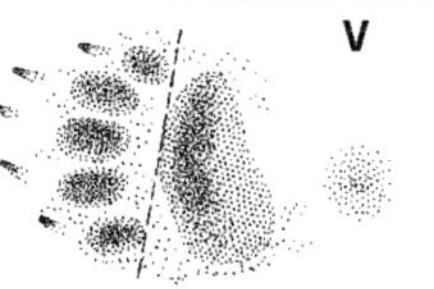

Auffällig sind die starken Krallen, insbesondere an den **V**. Zeichnet man eine Linie vom Unterrand der Kleinzehe über den Rand des Hauptballens, wird der Abdruck der Großzehe nicht geschnitten.

Fährte

Die **H** werden etwas vor die Abdrücke der **V** gesetzt. Braunbären nutzen jahrelang gleiche Pfade und treten diese dann zu tiefen Rinnen aus.

Kot (Grizzly)

◁ Große Kotmenge nach einer Grasmahlzeit im Frühjahr.

In der Beerensaison besteht der Großteil des Kots aus unvollständig verdauten Beerenresten. ▷

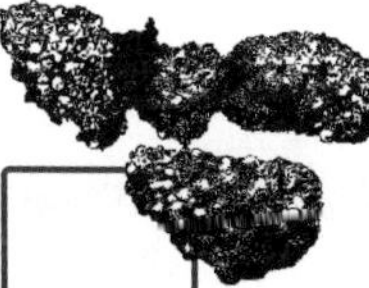

Weitere Spuren

Aufgebrochene Erde und Baumstubben.

Zerfetzte Baumrinde ▷

Hügel aus Zweigen und Erde über gerissenem Großsäuger (Hirsch o.ä.). Achtung! **Lebensgefahr**! Sofort Gegend verlassen!

Baribal oder Schwarzbär

Lat.: *Ursus americanus*, Engl.: *Black bear*, Franz.: *Ours noir*

Kennzeichen: Baribals sind kleinere Bären, die bei einer Gesamtlänge von 180 cm bis zu 150 kg wiegen können. Die Haare des Fells sind lang und straff und liegen eng am Körper, was ihm ein weniger zottiges Aussehen verleiht als dem Braunbären. In der Regel sind sie glänzend schwarz. Daneben kommen aber auch rötlich-braune (Zimtbär des nördlichen Felsengebirges) bzw. graublaue bis weißliche (Silber- oder Gletscherbär aus Alaska) Farbvarianten vor. Der Kopf ist deutlich schmaler und spitzer als der der Braunbärarten und der Körper wirkt schlanker. Darüber hinaus ist die Schnauze blassgelb gefärbt.
Laute: Brummen und Schnaufen
Verbreitung: Amerika von Kanada bis Mexiko

Schwarzbär im Beerenparadies (mm)

Trittsiegel

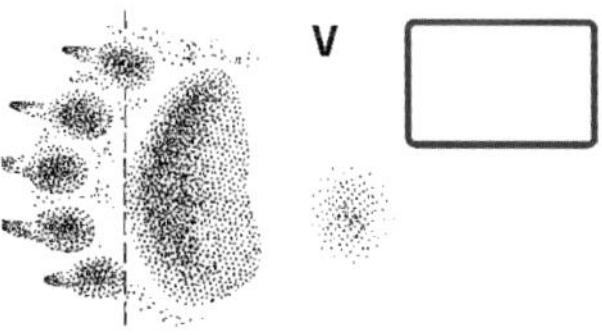

Zeichnet man eine Linie vom Unterrand der Kleinzehe über den Rand des Hauptballens, wird der Abdruck der Großzehe deutlich geschnitten.

Fährte

Typische Fährte, bei der die **H** vor die Abdrücke der **V** gesetzt werden. Kann von Grizzlyfährte nur anhand der Trittsiegel unterschieden werden.

Kot

◁ Kompakter Kot nach Mahlzeit aus verschiedenen Gräsern und Kräutern.

Weicher Kot ▷ nach dem Verzehr stark wasserhaltiger Nahrung. (Kräuter, Beeren)

Weitere Spuren

Aufgebrochene Erde und Baumstubben.

Krallenspuren an Bäumen auch in größerer Höhe. ▷

Mit verschiedenem Material abgedecktes totes Wild. Achtung! **Lebensgefahr**! Sofort die Gegend verlassen!

Lebensraum: Der Baribal lebt in großen, ausgedehnten Wäldern. Im Gegensatz zu den Braunbären ist er sehr viel weniger scheu und kommt auch in relativ dicht besiedelten Gebieten vor.

Lebensweise: Die tag- und nachtaktiven Tiere sind weitaus weniger scheu und viel sanftmütiger als die eng verwandten Braunbären. Sie können schnell laufen und im Gegensatz zu den Braunbären sehr gut klettern.

Als Unterschlupf dienen ihnen Felshöhlen, hohle Bäume oder einfach Dickichte. Den Winter verbringen sie eingeschneit in ihrem Unterschlupf, den man gut am vereisten Atemloch in der Schneedecke erkennen kann.

Nahrung: Baribals sind Allesfresser, die sich aber überwiegend von pflanzlicher Nahrung ernähren.

Besonderes: In den amerikanischen Nationalparks war der Schwarzbär zu einem regelrechten Kulturfolger und zur Touristenattraktion geworden. Dort lagerte er an den Straßen und bettelte um Nahrung. Heute ist dort das Füttern aller Wildtiere verboten. Dadurch zeigen die Bären zunehmend ihr natürliches Verhalten. Man sollte daher nie vergessen, dass die possierlichen Bären echte Wildtiere sind, die unangenehm werden können, wenn sie enttäuscht oder erschreckt werden. Sie sind - wie die Braunbären - durchaus in der Lage, einen Menschen schwer zu verletzen oder sogar zu töten.

Bären sind vorwiegend Vegetarier (mm)

Portrait eines Eisbären (he)

Eisbär oder Polarbär

Lat.: *Ursus maritimus*, Engl.: *Polar bear*, Franz.: *Ours polaire*

Kennzeichen: Der Eisbär ist auf Grund von Färbung und Gestalt mit keinem anderen Tier zu verwechseln. Das gelbweiße bis schmutzigweiße Fell ist lang und zottig. Auf dem schmalen Kopf sitzen kleine, rundliche Ohren. Die Fußsohlen sind bis auf die Ballen behaart, und zwischen den kräftigen Zehen sitzen Schwimmhäute.

Große Männchen bringen mehr als 500 kg auf die Waage. Die Weibchen sind bedeutend kleiner und leichter.

Laute: Brüllen und Schnaufen

Verbreitung: Über die gesamte Arktis. In Europa bis nach Nordwestisland und Nordnorwegen vordringend.

Lebensraum: Der Eisbär lebt auf arktischen Inseln und an Küstengebieten sowie auf Treibeisfeldern in der Nähe des offenen Wassers.
Lebensweise: Eisbären sind Einzelgänger, die sowohl am Tag als auch des Nachts aktiv sind. Sie führen aktiv weite Wanderungen aus und werden darüber hinaus passiv über große Strecken auf dem Treibeis verdriftet. Sie sind ausgezeichnete Schwimmer und können über mehrere Minuten tauchen.

Bei schlechtem Wetter verkriechen sich die Eisbären in selbst gegrabene Schneehöhlen. In diesen Behausungen verbringen die trächtigen Weibchen auch den Winter und bringen dort im Dezember ein bis drei blinde, nackte Junge zur Welt, die nur 1 kg wiegen.

Während die Männchen auch im Winter auf Nahrungssuche sind, müssen die Weibchen ihren Nahrungsbedarf in dieser Zeit aus ihrem Körperfett decken und zusätzlich die Jungen säugen. Nach etwa drei Monaten nehmen die Jungen feste Nahrung zu sich und die Jungfamilie verlässt die Höhle.
Nahrung: Hauptnahrung sind Robben, die mit einem Prankenhieb getötet werden. Daneben fressen die Tiere aber auch Vögel, Fische, Beeren und sogar Abfälle.
Besonderes: Obwohl Menschen kaum von Eisbären bedroht werden, kann es in Einzelfällen doch zu Reaktionen der Tiere kommen, die für den Menschen tödlich enden. Vorsicht ist in jedem Fall geboten.

Trittsiegel

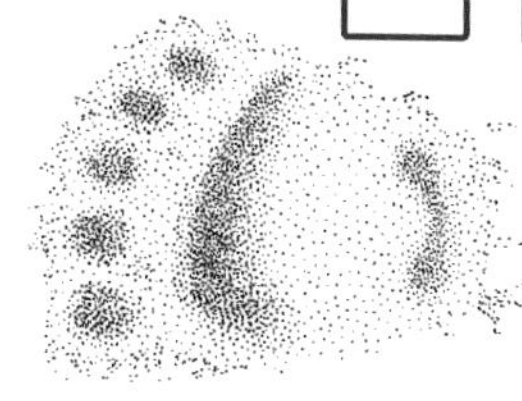

Der gesamte Fuß ist extrem behaart, so dass sich die Ballen nicht deutlich abzeichnen.

Fährte

Fährte im Schnee. Die **H** treten exakt in die Abdrücke der **V**. Es kommen aber auch andere Fährtenmuster vor, bei denen die Abdrücke nicht genau übereinanderliegen.

Kot

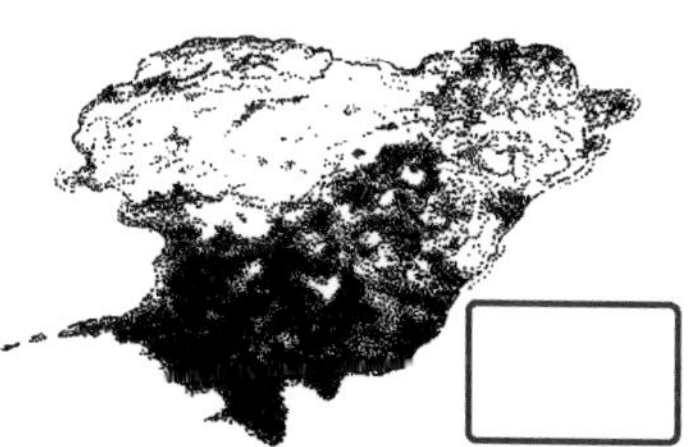

Eisbärenkot hat häufig eine breiige Konsistenz. Nach einer Fleischnahrung können Knochenreste enthalten sein.

Nordluchs

Lat.: *Lynx lynx*, Engl.: *Lynx*, Franz.: *Lynx*

Kennzeichen: Der Nordluchs ist an seiner Gestalt sogleich als Katze zu erkennen. Er ist aber deutlich größer als die Wildkatze und wird mit einer Schulterhöhe von bis zu 75 cm etwa so groß wie ein Deutscher Schäferhund. Das kurzschwänzige und hochbeinige Tier hat sehr breite Pfoten und einen starken Backenbart. Besonders auffällig sind die langen, spitzen Ohren, die an den Enden bis zu 4 cm lange, schwarze Ohrpinsel tragen.

Das Fell ist dicht und weich und variiert in der Färbung von rotbraun über gelbgrau bis hellgrau. In diese Grundfarbe sind mehr oder weniger deutliche dunkle Flecken eingestreut.

Laute: Fauchen, Knurren und Heulen

Verbreitung: Europa, Mittelasien und Nordamerika. In vielen Gebieten, insbesondere in West- und Mitteleuropa, seit 150 Jahren ausgerottet. Die nordamerikanische Unterart wird vielfach als eigene Art, *Lynx canadensis* (Kanadaluchs), angesehen.

Lebensraum: Ausgedehnte Wälder mit dichtem Unterholz sowie deckungsreiches Gelände.

Lebensweise: Nordluchse sind Einzelgänger, die je nach Nahrungsangebot ein mehr oder weniger großes Territorium für sich beanspruchen, das sie mit Harn und Kot markieren. In nahrungsarmen Gebieten kann es bis zu 300 km² groß sein. Sie sind vorwiegend dämmerungs- und nachtaktiv. Während der Paarungszeit, die im Februar oder März beginnt, und der Zeit der Jungenaufzucht kann man sie aber auch am Tage sehen. Die Geburt und Aufzucht der Jungen erfolgt in unausgepolsterten Felsenhöhlen oder unter Baumwurzeln.

Nahrung: Säugetiere bis zur Größe von Rehen sowie Vögel. Die Beute wird angepirscht oder aus Verstecken angesprungen. Für den Menschen und den Wildbestand ungefährlich.

Besonderes: In Amerika kommt eine weitere Art vor, der **Rotluchs** (*Lynx rufus*). Er hat sein Verbreitungsgebiet weiter südlich und kommt von Südkanada bis Mexiko vor. Obwohl er etwas kleiner ist als der

Trittsiegel

Keine Krallenabdrücke. Stark behaart. Trittsiegel sind im Gegensatz zu denen von Hundeartigen unsymetrisch.

H

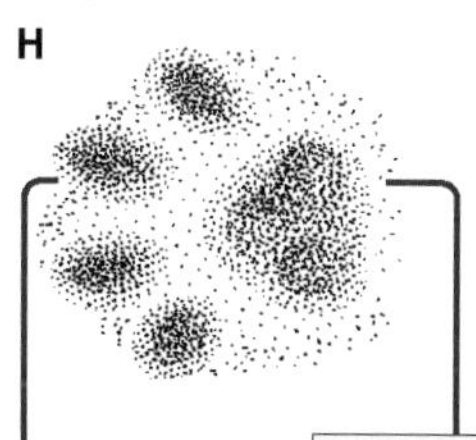

V

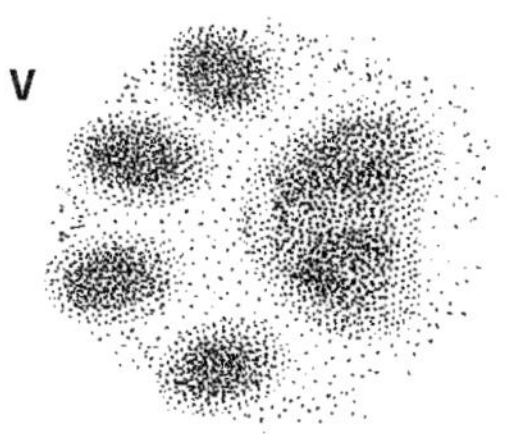

Fährten

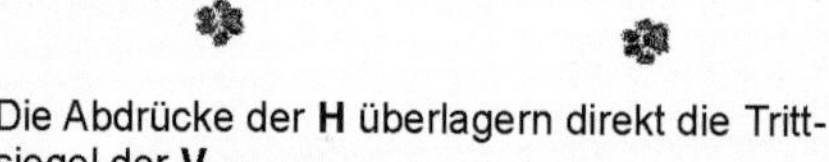

Die Abdrücke der **H** überlagern direkt die Trittsiegel der **V**.

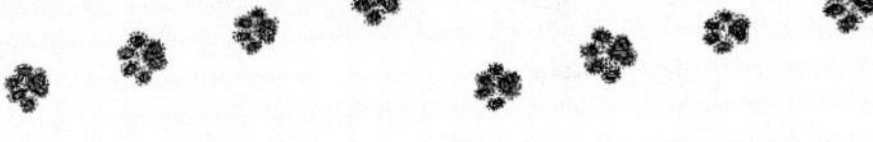

Fährte eines laufenden Tieres. **V** werden im Wechsel mit **H** gesetzt.

Kot

Der Kot ist stark mit Haaren durchsetzt und läuft auf einer Seite in eine Spitze aus. Er enthält keine Knochenteile wie Kot von Hundeartigen.

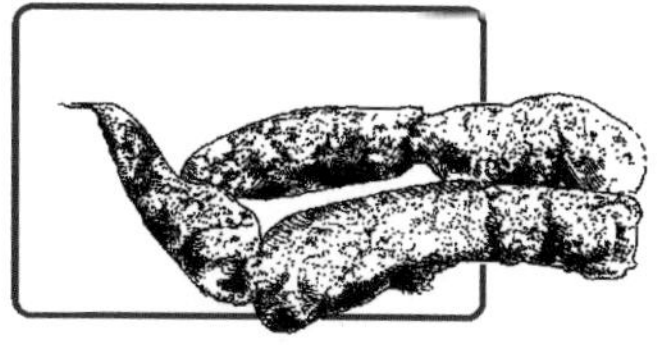

Nordluchs, ist er mit ihm leicht zu verwechseln. Wichtigstes Unterscheidungsmerkmal sind die kleineren Tatzen und die deutlich kürzeren Ohrpinsel.

Foto: Lars Schneider / Outdoor Kompass Südnorwegen

Puma

Lat.: *Profelis concolor*, Engl.: *Puma*, Franz.: *Puma*

Kennzeichen: Der Puma gehört eigentlich zu den Kleinkatzen, wird aber mit einer Kopf-Rumpf-Länge von über 1,5 m ebenso groß wie ein Leopard. Der Körper ist auffallend schlank mit einem Schwanz, der fast 1 m erreichen kann. Im Gegensatz dazu wirkt der rundliche Kopf relativ klein. Das Fell variiert in verschiedenen rötlich- und gelblichbraunen Tönen. Selten sind vollständig schwarze Tiere, sog. Negrinos. Die Neugeborenen sind schwarz gefleckt, auch die Ohren sind schwarz. Mit dem Wechsel des Jungenkleides verschwindet die Jugendzeichnung, kann aber bei einigen Exemplaren noch etwas durchscheinen.
Laute: Fauchen, Knurren
Verbreitung: Diese Kleinkatze war einst, bis auf die arktischen Bereiche im Norden, in ganz Amerika verbreitet. Heute noch in Süd- und Mittelamerika. In Nordamerika nur noch im Westen.
Lebensraum: Der Puma ist in Bezug auf seinen Lebensraum nicht sehr wählerisch. In Südamerika lebt er z.B. in den Pampas oder im brasilianischen Regenwald. In Nordamerika kommt er bevorzugt in felsigem, mit Gebüsch bestandenem Gelände vor.
Lebensweise: Puma sind Einzelgänger mit einem großen Revier, das sie durch Kratzspuren sowie Harn und Kot deutlich markieren. Nur während der Brunstzeit, die etwa zwei Wochen dauert und an keine Jahreszeit gebunden ist, leben sie paarweise zusammen. Nach einer Tragzeit von gut drei Monaten werden in einem mit Moos und Laub gepolsterten Versteck zwei bis vier Junge geboren. Die Tiere sind sehr gute Springer, die aus dem Stand auf hohe Bäume springen können. Sie laufen sehr schnell, sind aber nach wenigen hundert Metern erschöpft. Deshalb verfolgen sie ihre Beute nach einem Fehlversuch in der Regel auch nicht weiter. Sie können für Menschen gefährlich werden.
Nahrung: Der Puma erlegt nahezu alle Säugetiere von der Maus bis zum Hirsch, sogar Wölfe und junge Bären.
Besonderes: Im ganzen Verbreitungsgebiet sind die Tiere stark vom Aussterben bedroht.

Trittsiegel

Zwischen den Zehenballen stark behaart. **V** hat fünf Zehen, von denen nur vier in der Spur sichtbar werden. **H** mit vier Zehen.

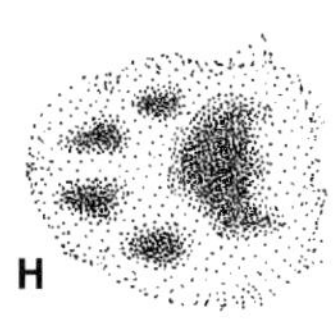

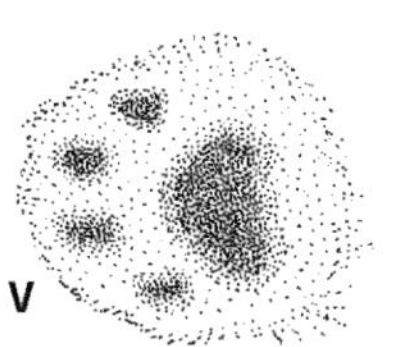

Fährten

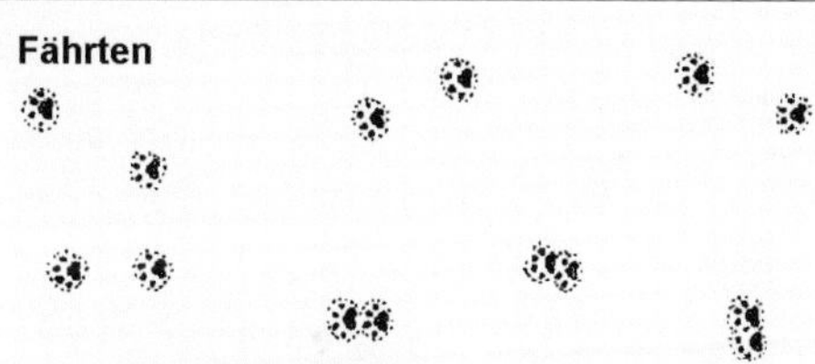

Zwei verschiedene Fährtenformen eines langsam laufenden Pumas.

Kot

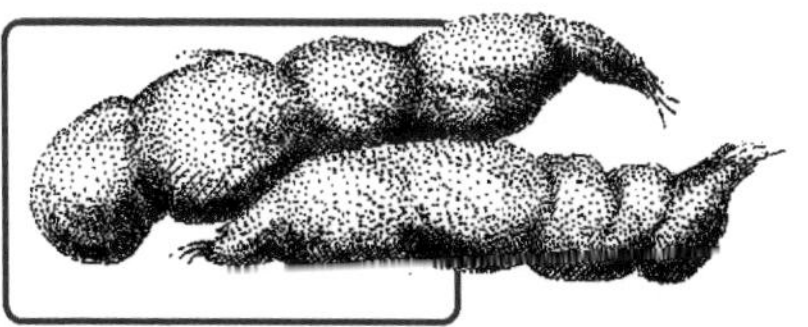

Pumakot kann mit Wolfskot verwechselt werden, zeigt aber eine stärkere Tendenz zur Segmentierung. Gelegentlich wird der Kot mit Erde abgedeckt.

Wolf

Lat.: *Canis lupus*, Engl.: *Wolf*, Franz.: *Loup*

Kennzeichen: Ähnelt einem kräftigen Deutschen Schäferhund. Kann von diesem aber durch die viel weiter auseinander stehenden Ohren unterschieden werden, die den Kopf breiter erscheinen lassen.

An der Halsoberseite sind bei alten Rüden die Haare des Fells verlängert, was den Anschein einer kleinen Mähne erweckt. Ebenso sind die Haare an den Wangen zu einem kleinen Backenbart verlängert.

Die Ohren stehen immer aufrecht und der buschige Schwanz wird beim Laufen waagerecht getragen. Er wird nie nach oben gebogen oder wie bei Hunden geringelt.

(mh)

Trittsiegel

Die Unterscheidung von Haushundspuren ist schwierig. Die Zehen stehen etwas dichter zusammen, so dass die Abdrücke stärker oval erscheinen.

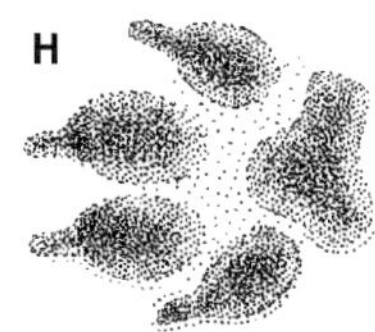

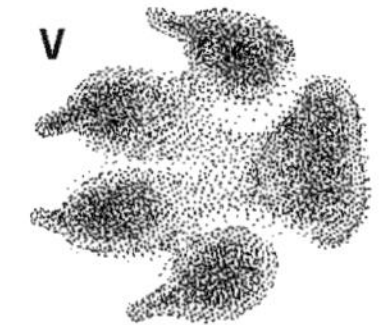

Fährten

Die Fährte eines schnürenden Wolfes zeichnet sich durch die direkte Überlagerung der **V**-Abdrücke durch die **H** aus.

Fährte eines galoppierenden Wolfes.

Kot

Kot kann als Markierung in der Mitte von Pfaden oder Wegkreuzungen gefunden werden. Er enthält häufig Haare und Knochenfragmente.

Die Färbung variiert individuell und geografisch sehr stark. Europäische Tiere sind meist graubraun bis zu einem gelblichen Dunkelbraun.

Laute: Normalerweise geben Wölfe kaum Laute von sich. In den Wintermonaten lassen sie abends ein lang gezogenes Heulen hören. Bei Aggression knurren sie.

Verbreitung: Europa, Asien und Nordamerika. In Mittel- und Westeuropa zum größten Teil ausgerottet.

Lebensraum: In von Menschen dünn besiedelten Tundren, Waldsteppen, Halbwüsten und offenen, großen Wäldern. Im Gebirge kommen die Tiere bis in Höhen von etwa 3.000 m vor.

Lebensweise: Wölfe sind tag- und nachtaktiv. Sie leben sowohl einzeln als auch in Paaren, in Familienverbänden oder sogar in Großrudeln, zu denen sie sich vor allem im Winter zusammenschließen.

Die Geburt der bis zu zehn Jungen erfolgt in einem selbst gegrabenen oder von Fuchs oder Dachs übernommenen Bau zwischen März und Mai.

Nahrung: Mittelgroße bis größere Säugetiere. Bei Nahrungsmangel auch Kannibalismus. Wölfe sind scheu und fürchten den Menschen. Nur wenn sie in die Enge getrieben werden, greifen sie Menschen an.

Besonderes: Der Wolf ist die Stammart aller Haushunderassen. Viele Verhaltensweisen des Wolfes lassen sich heute noch bei den Hunden beobachten.

Koyote

Lat.: *Canis latrans*, Engl.: *Coyote*, Franz.: *Coyote*

(mh)

Kennzeichen: Der Kojote ist der nächste Verwandte des Wolfes, bleibt jedoch mit einer Schulterhöhe von bis zu 50 cm bedeutend kleiner. Insgesamt ist er schlanker, was sich besonders im Gesicht zeigt.

Das Fell ist lang und grob. Die Färbung variiert von grau bis gelbbraun mit mehr oder weniger deutlichen gelben und schwarzen Anteilen. Der Rand der Lippen ist deutlich weiß und die Schwanzspitze immer schwarz.

Laute: Heulen, Bellen, Knurren

Verbreitung: Über ganz Nordamerika weit verbreitet

Lebensraum: Kojoten sind sehr anpassungsfähig. Sie bewohnen fast alle Lebensräume und können sogar im Kulturland und in Städten vorkommen.

Lebensweise: Kojoten leben paarweise zusammen. Diese Ehe hält oft ein ganzes Leben lang. Ihre Beute jagen sie meist in kleinen Rudeln.

Ihre Unterkünfte finden sie z.B. unter ausgehöhlten Bäumen oder in Felsspalten und -höhlen. Oft nehmen sie auch Baue von anderen Tieren wie Dachs, Skunk oder Fuchs in Besitz, die sie nach ihren Vorstellungen erweitern.

Am Ende des Baus befindet sich eine größere, unausgepolsterte Kammer, in der im April oder Mai bis zu zehn Junge zur Welt gebracht werden. Der Vater hat kurz vor der Geburt die gemeinsame Höhle verlassen, bleibt aber in der Nähe, um bei der Aufzucht der Jungen zu helfen.

Im Sommer verlassen die Jungen die Eltern und suchen sich ein eigenes Revier, das bis zu 150 km von ihrem Geburtsort entfernt sein kann.

Nahrung: Kleinere Säugetiere, Aas und Abfälle, daneben auch Früchte und Gras. Größere Tiere wie Wildschafe oder Hirsche werden zuweilen angegriffen, können sich aber in der Regel immer erfolgreich zur Wehr setzen. Mit der Vertilgung von Aas und Abfällen spielen Kojoten eine wichtige Rolle als „Gesundheitspolizei“ in ihrem Lebensraum.

Besonderes: Kojoten sind dafür bekannt, dass sie sich auch von schwersten Verletzungen wieder erholen und am Leben bleiben.

Trittsiegel

Durch schlanke Form gut von Wolfs- und Haushundspuren zu unterscheiden.

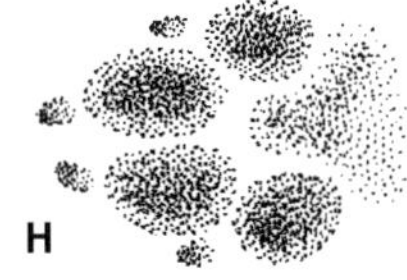

H

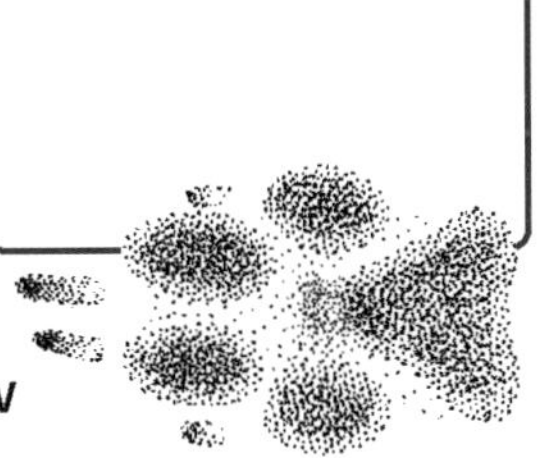

V

Fährten

Beim Schnüren überlagern die Abdrücke der **H** die der **V**.

Fährte beim langsamen Trott. Bei Erhöhung des Tempos geht sie in die schnürende Bewegung über.

Kot

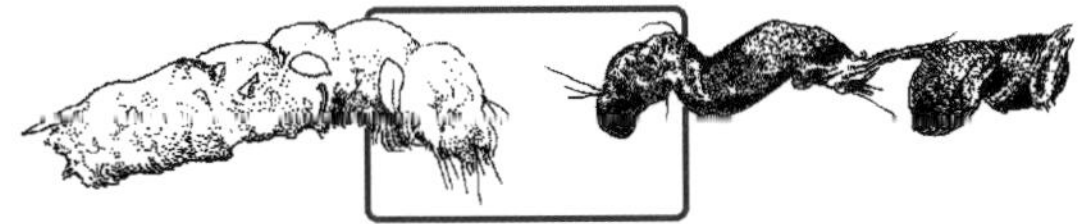

Sommerkot kann auf Grund von Fruchtnahrung weich und unförmig sein. Die Abbildungen zeigen zwei Formen von Winterkot mit Haaren und Knochenresten der Beutetiere.

Polarfuchs

Lat.: *Alopex lagopus*, Engl.: *Arctic fox*, Franz.: *Renard polaire*

Kennzeichen: Der Polarfuchs, auch Eisfuchs genannt, ist etwas kleiner und sieht, vor allem im Sommerfell, zierlicher als der Rotfuchs aus.

Im Winter ist das weiße Fell dicht und buschig, im Sommer wird es dünner und ist überwiegend bräunlich. Die Bauchseite ist schmutzigweiß. Die Pfoten sind im Winter dicht behaart.

Daneben gibt es noch eine Farbvariante, die unter dem Begriff „Blaufuchs" bekannt ist. Diese Tiere sind im Winter hellgrau oder fahlbraun bis fast schwarz und im Sommer grau bis braun. Beide Farbvarianten können im gleichen Wurf vorkommen.

Laute: Polarfüchse gehören zu den Tieren, die häufig Laute von sich geben. Typisch sind ein etwas heiser klingendes Bellen, Heulen und Jaulen.

Polarfuchs im Winterfell 📷 *Andreas Umbreit*

Trittsiegel

Pfoten sind, vor allem im Winterhalbjahr, stark behaart.

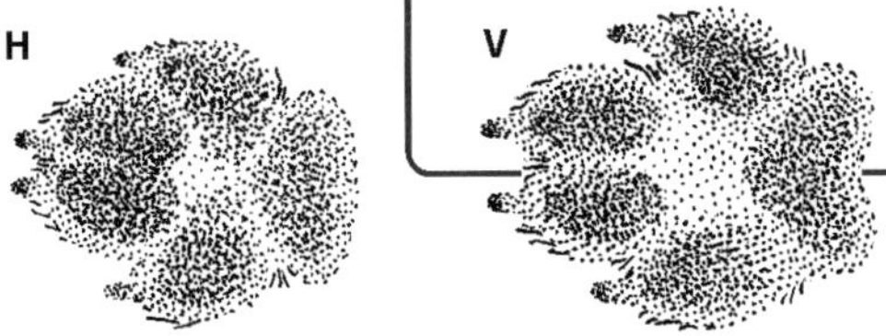

H **V**

Fährte

Ruhiger Trab. Bei höheren Geschwindigkeiten bilden die Pfotenabdrücke zunehmend eine Linie.

Kot

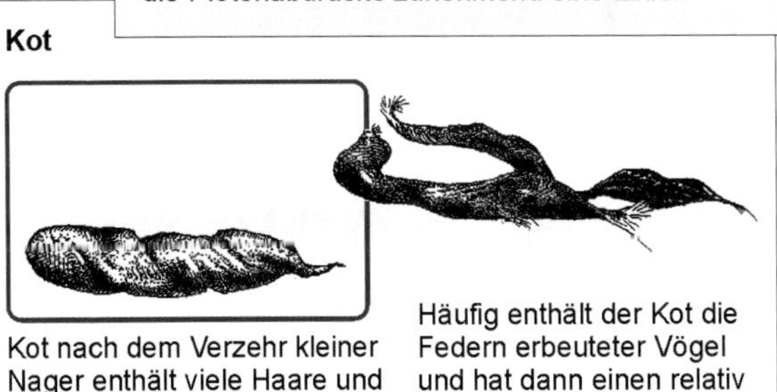

Kot nach dem Verzehr kleiner Nager enthält viele Haare und läuft an einem Ende spitz aus.

Häufig enthält der Kot die Federn erbeuteter Vögel und hat dann einen relativ geringen Durchmesser.

Polarfuchs im Sommerkleid 📷 *Andreas Umbreit*

Verbreitung: Über weite Teile des gesamten Nordpolargebietes. In Europa im nördlichen Skandinavien, auf Island und den arktischen Inseln.

Lebensraum: Polarfüchse leben im Frühjahr und Sommer in der offenen Tundra. Danach wandern sie entweder nach Süden in die Krummholz- und Waldzone ab und kommen dabei z.T. sogar bis in die Hochebenen Süd- und Mittelnorwegens oder nach Norden, wo sie den Winter auf den Eisfeldern des Polarmeeres verbringen. Manche Tiere erreichen auf ihren Wanderungen den Nordpol. Der Polarfuchs ist damit eines der wenigen richtigen Eistiere unter den landlebenden Säugern.

Lebensweise: Polarfüchse sind sowohl tag- als auch nachtaktiv. Sie leben vorwiegend einzeln, während der Jungenaufzucht aber paarweise. Zum Teil kommen auch kleinere Familienverbände vor.

Die Paarung erfolgt im März und April, und nach bereits 50 Tagen werden bis zu zehn blinde Junge in einer Felsspalte oder selbst gegrabenen Erdhöhle geboren.

Nahrung: In der Tundra im Wesentlichen kleine Nagetiere, aber auch Vögel, Eier und Pflanzenkost. Im Winter folgen Polarfüchse häufig Eisbären, deren Nahrungsreste sie vertilgen.

Besonderes: Das Winterfell ist im Pelzhandel sehr begehrt.

Rotfuchs

Lat.: *Vulpes vulpes*, Engl.: *Red fox*, Franz.: *Renard*

Kennzeichen: Der Rotfuchs gehört zu den bekanntesten Wildhundarten und ist kaum mit anderen Tieren zu verwechseln. Wie alle Wildhunde hat er aufrecht stehende Ohren. Der Schwanz, die sog. „Lunte“, ist lang und buschig und oft mit einer weißen oder schwarzen Spitze versehen.

Das weiche, dichte Fell ist meist rotbraun („fuchsrot“), auf der Unterseite weißlich. Daneben gibt es eine Reihe geografischer und individueller Farbvarianten.

Laute: Füchse geben bis zu 40 unterschiedliche Laute von sich. Am bekanntesten ist das Keckern. Daneben kann er u.a. winseln, kläffen, bellen und knurren.

Verbreitung: Europa, Nord- und Mittelasien, Nordamerika

Rotfuchs (he)

Lebensraum: Rotfüchse sind sehr anpassungsfähig. Sie kommen in fast allen Landschaftsformen bis in Höhen von 4.500 m vor, wobei sie deckungsreiches Gelände bevorzugen.

Lebensweise: Die dämmerungs- und nachtaktiven Tiere leben in der Regel als Einzelgänger. Die Männchen markieren ihre Reviere mit Harn und Kot. Die Fortpflanzungszeit liegt im Januar und Februar. Nach knapp acht Wochen Tragzeit werden in einer einfachen, selbst gegrabenen Erdhöhle um die fünf maulwurfsgroße Jungen geboren. Die Höhle ist mit trockenem Pflanzenmaterial und mit Haaren der Mutter ausgepolstert. Während der Jungenaufzucht versorgt der Rüde die Mutter mit Futter, das sie an die Welpen weitergibt. Die Übergabe erfolgt in der Regel in einiger Entfernung vom Bau.

Rotfuchs im Schnee
Shiretoko-Shari Tourist Association

Nahrung: Kleine und mittelgroße Wirbeltiere, Vogeleier, Aas, Früchte und Beeren. Sie suchen auch auf Müllhalden nach Nahrungsresten oder dringen in Geflügelställe ein.

Besonderes: Das Trittsiegel des Fuchses lässt sich von dem eines gleich großen Hundes meist daran unterscheiden, dass die beiden Seitenzehen die Ballen der Mittelzehen nur im hinteren Teil erreichen. Daneben liegen die Abdrücke der einzelnen Pfoten beim Fuchs häufig auf einer geraden Linie (schnüren), wie auf einer Perlschnur aufgezogen. Diese Spur hinterlässt der Fuchs sowohl beim Traben als auch beim Schleichen.

Trittsiegel

Extrem behaart. Typisch ist eine deutliche Linie, die quer über den Fersenballen verläuft. Auf festem Boden Trittsiegel meist schmaler als in der Abbildung.

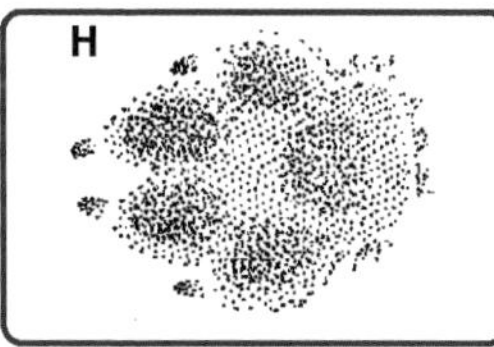

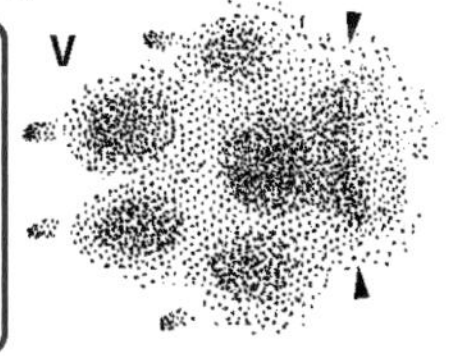

Fährten

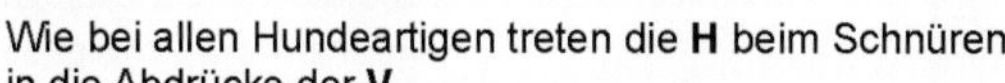

Wie bei allen Hundeartigen treten die **H** beim Schnüren in die Abdrücke der **V**.

Bei höherer Geschwindigkeit liegen die **H** leicht seitlich vor den **V**. Fuchs läuft leicht schräg zur Hauptrichtung.

Kot

Im Sommer dominieren Fruchtanteile und es ist schwierig, Kot geringer Größe von dem größerer Marderarten zu unterscheiden.

Winterkot zeichnet sich hauptsächlich durch Haare von Kleinsäugern aus. Sehr variabel in Form, Größe und Farbe!

Marderhund

Lat.: *Nyctereutes procyonoides*, Engl.: *Raccoon-dog*, Franz.: *Chien viverrin*

Kennzeichen: Der Marderhund wird etwa so groß wie ein Rotfuchs, ist aber sehr viel kurzbeiniger und gedrungener. Das langhaarige Fell ist graubraun bis braunschwarz. Die an den Enden abgerundeten Ohren schauen nur wenig aus dem Fell heraus. Auffallend ist die dunkle Gesichtsmaske, die dem Marderhund große Ähnlichkeit mit dem Waschbären verleiht. Im Gegensatz zu diesem ist der Schwanz aber stets einfarbig und nicht mit schwarzen Ringen versehen.
Laute: Leises Miauen, Knurren, Winseln
Verbreitung: Die Heimat des Marderhundes ist Ostasien. Etwa 1930 wurden einige Exemplare als Pelztiere nach Russland gebracht. Von dort verbreiteten sich entwichene Tiere explosionsartig westwärts.

Neben ihrem natürlichen Verbreitungsgebiet bevölkern sie heute große Gebiete Nord-, Mittel- und Südeuropas.
Lebensraum: Der Marderhund stellt keine großen Ansprüche an seinen Lebensraum. Bevorzugt werden aber Laub- und Mischwälder mit dichtem Unterwuchs sowie reich strukturierte Flusstäler. Häufig kann man ihn in der Nähe von Wasser antreffen.
Lebensweise: Die nachtaktiven Tiere leben meist einzeln. Kurzfristig können sie sich zu kleineren Familienverbänden zusammenschließen. Tagsüber halten sie sich versteckt zwischen Felsen, in hohlen Bäumen, in fremden oder selbst gegrabenen Höhlen oder einfach im Dickicht auf. Die Fortpflanzungszeit beginnt im Februar/März. Nach etwa zwei Monaten werden fünf bis acht Welpen geboren, die schon mit vier Monaten selbstständig und bereits nach zehn Monaten geschlechtsreif sind. Marderhunde halten von Dezember bis Februar eine Winterruhe, die sie an warmen Tagen unterbrechen können.
Nahrung: Kleinere Wirbeltiere wie Mäuse sowie Frösche, Fische, Vogeleier, Insekten, Beeren und Früchte.
Besonderes: Der Marderhund ist in der europäischen Fauna nicht heimisch und ein Konkurrent für Dachs und Fuchs, die von ihm möglicherweise verdrängt werden.

Trittsiegel

Die vier Zehenballen liegen weiter auseinander als bei anderen Hundeartigen.

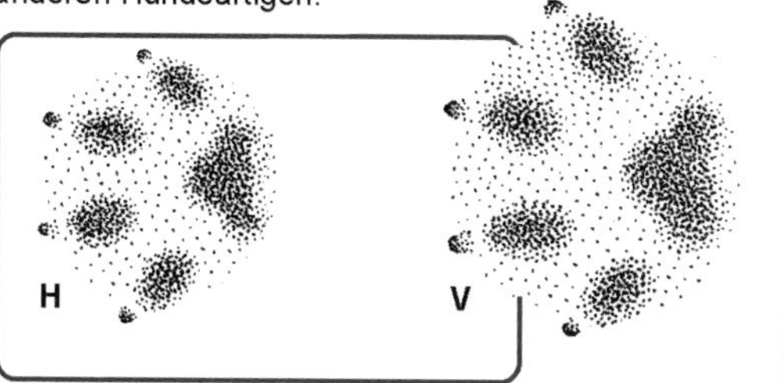

Fährte

Die Fährte eines schnürenden Marderhundes ist nicht so exakt "perlschnurartig" wie die anderer Hundeartiger.

Kot

Der Kot des Gemischtköstlers kann mit dem von Rotfuchs, aber auch größeren Marderarten verwechselt werden.

Schneehase

Lat.: *Lepus timidus*, Engl.: *Mountain hare*, Franz.: *Lièvre variable*

Kennzeichen: Der Schneehase wirkt wie eine verkleinerte Ausgabe des Feldhasen. Sein Fell ist sehr dicht, im Sommer graubraun bis braun und im Winter rein weiß. Nur die Ohren haben auch im Winter eine schwarze Spitze. Der Schwanz ist auf Ober- und Unterseite weiß.

Schneehasen aus Irland werden im Winter nicht weiß, sondern braun. Arktische Schneehasen sind das ganze Jahr über weiß.

Laute: Fauchen, Knurren, Quieken, Fiepen, Zischen. In höchster Not wird ein Angstschrei ausgestoßen.

Verbreitung: Im gesamten nördlichen Europa und Asien

Lebensraum: In Wäldern, Wiesen und Weiden sowie der Krummholzzone der Gebirge, in der Tundra. In tieferen Lagen oft zusammen mit dem Feldhasen.

Lebensweise: Der Schneehase lebt gesellig in Kolonien. Wie der Feldhase ist er nacht- und dämmerungsaktiv, ist aber auch tagsüber zu sehen.

Als Unterschlupf legen sie sich flache Gruben (Sassen) an, die oft zwischen Felsen liegen. Im Gegensatz zum Feldhasen graben sie manchmal auch kurze Erdröhren für sich oder ihre Jungtiere.

Der Schneehase kann bis zu dreimal im Jahr nach einer Tragzeit von etwa 50 Tagen zwei bis fünf Junge zur Welt bringen. Die bei der Geburt voll ausgebildeten Jungen entwickeln sich schnell und nehmen schon nach gut einer Woche Grünfutter zu sich. Nach drei Wochen werden sie nicht mehr gesäugt. Mit etwa neun Monaten sind sie geschlechtsreif.

Nahrung: Gräser, Kräuter, Beeren, Wurzeln, Triebe und Knospen von Gehölzen, Rinde, Beeren, Pilze sowie Flechten und Moose

Besonderes: In großen Teilen Nordamerikas bis weit nach Alaska hinein lebt der **Schneeschuhhase** (*Lepus americanus*), der im Winter auch ein völlig weißes Fell bekommt. Seinen Namen hat das kleiner als der Schneehase bleibende Tier von den großen, im Winterfell stark behaarten Hinterpfoten, die wie Schneeschuhe das Einsinken im Schnee verhindern.

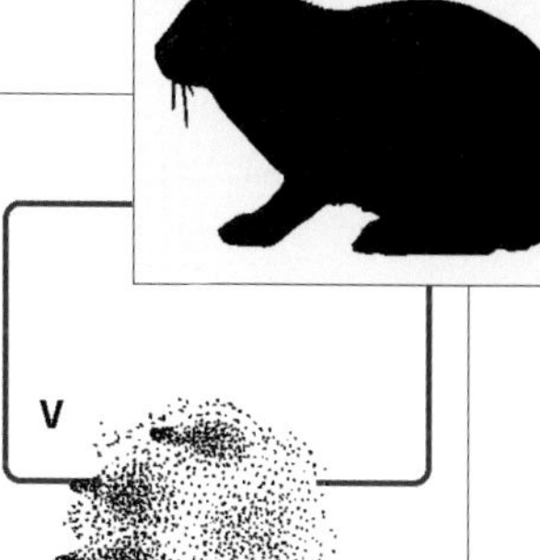

Trittsiegel

Durch stärkere Spreizung der Zehen, insbesondere im Tiefschnee, vom Feldhasen zu unterscheiden.

H

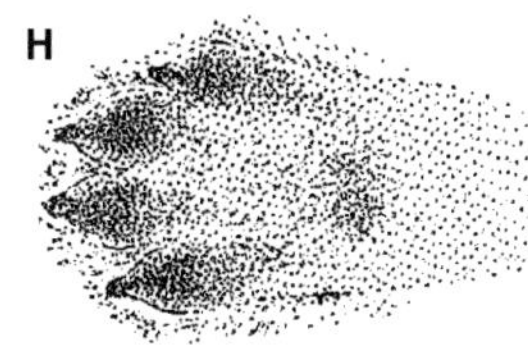

V

Fährte

Ähnlich der Fährte anderer Hasentiere. **H** vor **V**. Die **V** werden häufig auch statt nebeneinander, hintereinander in einer Linie gesetzt.

Kot

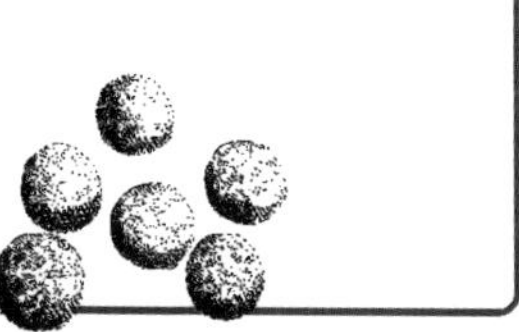

Nicht von Feldhasenkot unterscheidbar.

Weitere Spuren

Abgebissene Stauden und Kräuter (glatte Bissmarken!).

Abgenagte Rinde von Laubbäumen in entsprechender Höhe.

Feldhase

Lat.: *Lepus europaeus*, Engl.: *Brown hare*, Franz.: *Lièvre brun*

Kennzeichen: Der Feldhase ähnelt in der Körperform einem großen, schlanken Kaninchen. Die Tiere können bis zu 70 cm lang werden. Ausgewachsene Männchen (Rammler) erreichen ein Gewicht von 7 kg.

Das Fell ist oberseits gelblich braun bis braungrau, an den Seiten und der Brust geht es ins Rötliche über. Der Bauch ist weiß. Die Oberseite des Schwanzes ist fast schwarz, auf der Unterseite ist er weiß.

Laute: Fauchen, Knurren, Quieken, Fiepen. In höchster Not wird ein Angstschrei ausgestoßen.

Verbreitung: Europa außer Nordskandinavien und Island

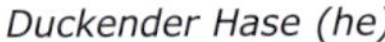

Duckender Hase (he)

Trittsiegel

Meist sind nur vier der fünf Zehen zu erkennen. Die Pfoten sind stark behaart.

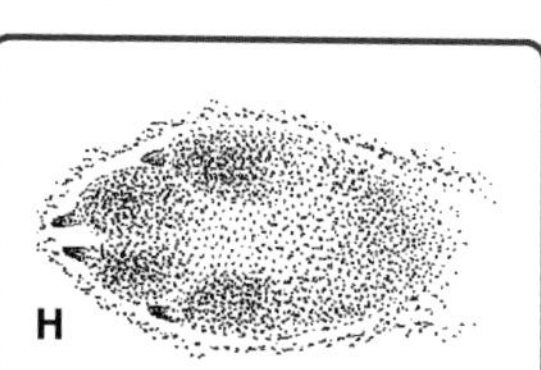

Fährte

Typische Fährte eines langsam hoppelnden Hasen zeigt die langen Hinterläufe weit vor den hintereinander gestellten **V**.

Kot

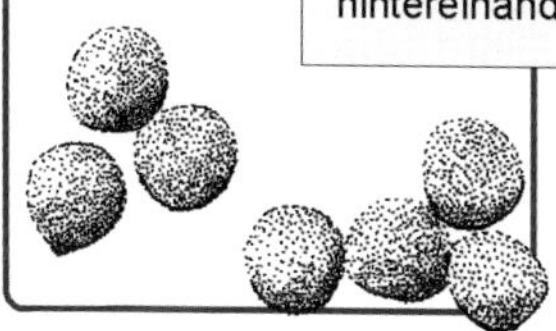

Im Sommer dunkelbraun bis schwarz; manchmal mit kleiner Spitze. Winterkot ist deutlich heller bis gelbbraun. Keine großen Kotansammlungen wie beim Kaninchen.

Weitere Spuren

Furche

Abgenagte Rinde an Ästen. Manchmal ist die Furchung der Schneidezähne gut erkennbar.

Verbissene Sträucher mit glatten Schnittstellen.

Lebensraum: Offene Landschaften und Wälder (Nadelwälder werden gemieden), Sumpfgebiete und Dünengelände. In Gebirgen bis etwa 1.800 m Höhe.

Lebensweise: Die ortstreuen Hasen leben zu mehreren in Gruppenrevieren. Ortsfremde Hasen werden vertrieben. Zwischen den Gruppenmitgliedern kommt es zu sozialen Kontakten, z.B. gegenseitiges Putzen. Sie sind vorwiegend nachts und in der Dämmerung aktiv, gelegentlich auch am Tage. Im Gegensatz zu den Kaninchen graben sie keine unterirdischen Bauten, sondern scharren sich nur kleine, flache Kuhlen (Sassen), in die sie gerade hineinpassen. Dort verharren sie auch regungslos bei Gefahr. Der Feldhase ist ein typisches Fluchttier, das äußerst schnell laufen kann. Wird er verfolgt, kann er hakenschlagend Geschwindigkeiten von 70 km/h erreichen und 3 m weit springen. Auch Hindernisse von 2 m Höhe sind für ihn kein Problem.

Hasen können bis zu viermal im Jahr zwei bis sechs Junge werfen, die in der mit den Bauchhaaren ausgepolsterten Sasse geboren werden. Die Jungen sind Nestflüchter.

Nahrung: Gräser, Wurzeln, Triebe und Knospen von Gehölzen, Rinde, Beeren, Pilze sowie Kulturpflanzen

Besonderes: Der Feldhase unterscheidet sich vom Wildkaninchen durch den größeren und schlankeren Körperbau. Auch sind die Ohren und vor allem die Hinterbeine erheblich länger. Der Kopf ist nicht so rund, sondern eher spitz, und an den Ohren trägt er einen schwarzen Fleck.

Wildkaninchen auf Fehmarn

Wildkaninchen

Lat.: *Oryctolagus cuniculus*, Engl.: *Rabbit*, Franz.: *Lapin de garenne*

Kennzeichen: Das Wildkaninchen hat einen rundlichen Kopf mit langen, stets aufgerichteten Ohren. Es erreicht eine Kopf-Rumpf-Länge von 35 bis 45 cm und wiegt zwischen 1 und 2 kg. Die Ohrspitzen haben einen schmalen schwarzen Rand. Der kurze buschige Schwanz ist auf der Oberseite schwarz und auf der Unterseite weiß. Er wird meist hochgebogen getragen, so dass die weiße Unterseite zu sehen ist. Das dichte, wollige Fell ist sandfarben bis graubraun. Hals und Nacken sind oft rötlich. Allerdings sind durch Einkreuzung entlaufener Hauskaninchen durchaus auch andere Farbvarianten anzutreffen.

Laute: Wildkaninchen geben nur selten Lautäußerungen von sich. In der Rammelzeit ist manchmal ein leises Murksen zu hören, und wenn sie von einem Feind gepackt werden, können sie jämmerlich schreien. Bei Erregung und Gefahr schlagen sie laut mit den Hinterläufen auf den Boden (Trommeln).

Verbreitung: West- und Südeuropa, Dänemark, Südschweden, Großbritannien, Irland

Lebensraum: Trockenes Gelände mit leichten, sandigen Böden, wie z.B. Waldränder, Gärten, Sandgruben, Parks, Heide, Dünen usw. Nicht im Gebirge und in Nadelwäldern.

Lebensweise: Die gesellig lebenden Kaninchen sind vorwiegend dämmerungs- und nachtaktiv. Sie sind aber auch am Tage außerhalb ihres Baus anzutreffen. Die Baue sind weit verzweigte unterirdische Gangsysteme mit Wohnkesseln, die bis zu 3 m unter der Oberfläche liegen können. Die Gruppen, in denen eine strenge Rangordnung herrscht, verteidigen ihr Revier gegenüber anderen Wildkaninchen.

Nahrung: Gräser, Kräuter, Pilze, Blätter und Knospen von Gehölzen, bei Nahrungsmangel auch Baumrinde. Gelegentlich sollen auch Schnecken und Würmer gefressen werden. In Gärten und Parks können Kaninchen zum einen durch ihre Grabtätigkeit und zum anderen durch Abfressen von Gemüse oder Zierpflanzen erheblichen Schaden anrichten.

Besonderes: Unterscheidungsmerkmale zum Feldhasen ☞ dort.

Trittsiegel

Wie beim Feldhasen sind nur vier der jeweils fünf Zehen im Abdruck zu erkennen.

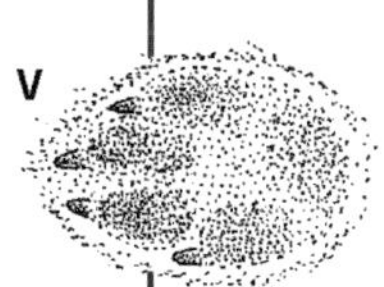

Fährte

Vergleichbar mit Feldhasenspur, nur deutlich kleiner. **H** vor **V**.

Kot

Kot wird häufig an speziellen Latrinenplätzen abgesetzt und ist dort dann in großen Mengen zu finden.

Weitere Spuren

Abgenagte Rinde an Bäumen in geringer Höhe.

Glatt abgenagte Krautstängel und dünne Äste. ▷

Selbstgegrabene Erdbaue (Kotlatrinen in der Nähe!). Feldhasen graben keine Höhlen.

Wildschwein

Lat.: *Sus scrofa*, Engl.: *Wild boar*, Franz.: *Javali, Sanglier*

Kennzeichen: Das Wildschwein ist die Stammform unserer Hausschweine und als solches unverwechselbar. Wildschweine haben einen schweren, massigen Rumpf mit kurzen dünnen Beinen. Auf dem kurzen Hals sitzt der lang gestreckte Kopf mit der kegelförmigen Schnauze.

Die Männchen (Keiler) haben sehr große, dreikantige Eckzähne, die zeitlebens nachwachsen. Diese bei älteren Tieren weit aus dem Kiefer ragenden Hauer sind ausgezeichnete Angriffs- und Verteidigungswaffen.

Das schwarzbraune bis graubraune Fell ist dicht und borstig mit langen Grannen und einer dichten Unterwolle. Die Jungtiere (Frischlinge) haben braune und cremefarbene Längsstreifen.

Laute: Wildschweine haben ein relativ reichhaltiges Repertoire verschiedener Lautäußerungen. Hören kann man vor allem Grunzen, Schnauben und Quieken.

Wildschwein im Wildpark Vosswinkel 📷 *Dieter Großelohmann*

Trittsiegel

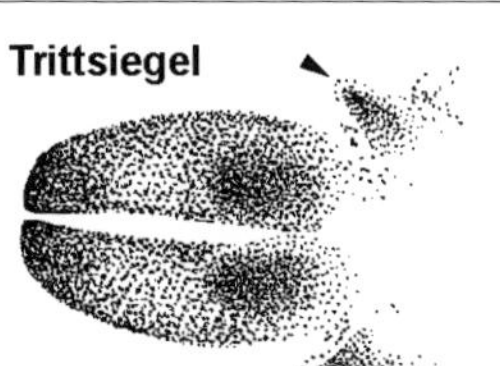

Afterklauen auch bei langsamer Gangart meist sichtbar. Im Gegensatz zu den Hirschartigen stehen sie seitlich der Schalen.

Fährten

Ruhiges Ziehen. **H** überdecken die Abdrücke der **V**.

Galopp. Gruppen von jeweils vier Trittsiegeln.

Kot

Die Kotballen sind meist segmentiert und zerfallen bei trockener Nahrung in kleinere Abschnitte.

Weitere Spuren

Größere Bereiche aufgebrochener Erde.

Schlammige Suhlen.

Malbäume mit Borsten in der anhängenden Schlammschicht.

Typischer Wildschweingeruch.

Frischling im Wildpark Vosswinkel 📷 *Dieter Großelohmann*

Verbreitung: In weiten Teilen Mittel- und Südeuropas sowie Zentral- und Südasiens. In Südschweden, Norwegen und Nordamerika vereinzelt eingebürgert.

Lebensraum: Das Wildschwein lebt vorwiegend in feuchten, sumpfigen und morastigen Laub- und Mischwäldern. Zur Nahrungsaufnahme sucht es regelmäßig Äcker, Felder und sogar Gärten auf.

Lebensweise: Die erwachsenen Keiler leben außerhalb der Paarungszeit, die zwischen November und Januar liegt, meist einzeln. Während dieser Zeit führen sie heftige Kämpfe aus, bei denen sie sich mit ihren Hauern z.T. schwere Verletzungen zufügen. Die übrigen Tiere leben in Familienverbänden, den sog. Rotten. Im März/April werden bis zu 12 Jungtiere geboren. Wildschweine sind tag- und nachtaktiv, halten sich tagsüber aber eher im schützenden Dickicht auf. Sie haben einen guten Gehör- und Geruchssinn. Fressbares können sie auf weite Entfernungen oder sogar in der Erde riechen. Auf der Suche nach Nahrung zerwühlen sie den Boden großflächig, womit sie vor allem im Kulturland erhebliche Schäden anrichten können.

Nahrung: Wildschweine sind vielseitige Allesfresser mit einer Vorliebe für pflanzliche Nahrung.

Damhirsch

Lat.: *Dama dama*, Engl.: *Fallow deer*, Franz.: *Daim*

Kennzeichen: Der Damhirsch ist etwas kleiner als der Rothirsch. Im Sommer ist das meist hellbraune Fell bei beiden Geschlechtern mit mehr oder weniger deutlichen weißlichen Flecken versehen.

Im Winter ist es dunkler und trägt keine Zeichnung. Allerdings variiert die Färbung der Damhirsche sehr stark, so dass größere Farbabweichungen vom oben beschriebenen Grundtypus fast schon die Regel sind. Ein gutes Erkennungsmerkmal ist das schaufelartige Geweih der männlichen Hirsche, das fast einen Meter Länge erreicht. Es wird jährlich im April/Mai abgeworfen und anschließend erneuert.

Damhirsch

Laute: Der Damhirsch kann röhren und fiepen sowie einen bellartigen Laut von sich geben.

Verbreitung: Nach der Eiszeit in Nord- und Mitteleuropa ausgerottet. Inzwischen vielfach wieder eingebürgert. So gibt es frei lebende Bestände z.B. in Deutschland, Dänemark, Norwegen, Schweden, England, Schottland und Irland sowie in Nordamerika. Häufig in Parkanlagen gehalten.

Lebensraum: Damhirsche leben in aufgelockerten Laub- und Mischwäldern und in größeren Parklandschaften bis in Mittelgebirgshöhe.

Im Wildpark
lässt sich Damwild auch anfassen (he)

Lebensweise: Die Tiere sind vorwiegend dämmerungs- und tagaktiv. Im Frühjahr und Sommer leben Männchen und Weibchen getrennt.

Zur Brunft im Oktober und November finden sie sich dann in großen Rudeln zusammen, die bis zum Frühjahr bestehen bleiben. Die männlichen Hirsche kämpfen um die Weibchenrudel. In dieser Zeit schlagen sie mit dem Geweih charakteristische Erdgruben, die sog. Brunftkuhlen, aus, in die sie zur Territoriumsmarkierung urinieren.

Zwischen Mai und Juli wird nach einer Tragzeit von etwa sieben Monaten in der Regel ein Junges geboren, das schon nach kurzer Zeit seiner Mutter folgt.

Nahrung: Im Sommer besteht die Nahrung vorwiegend aus Gräsern und Kräutern, im Herbst und Winter auch aus Blättern, Eicheln, Bucheckern und bei Nahrungsmangel auch aus der Rinde von Bäumen (Schälspuren).

Trittsiegel

Die gut ausgeprägten Ballen nehmen etwa die Hälfte der Schalenlänge ein.

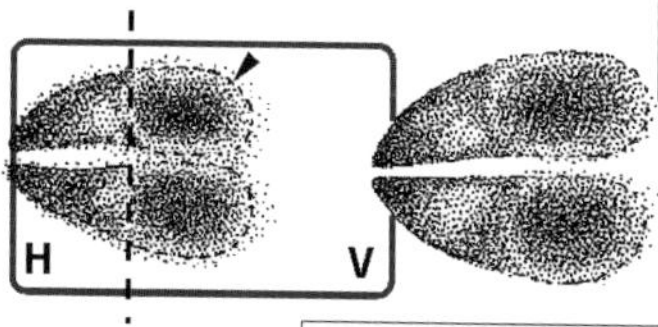

Fährten

Beim ruhigen Ziehen überdecken die **H** die **V**.

Fluchtfährte. Vierergruppen gespreizter Trittsiegel.

Kot

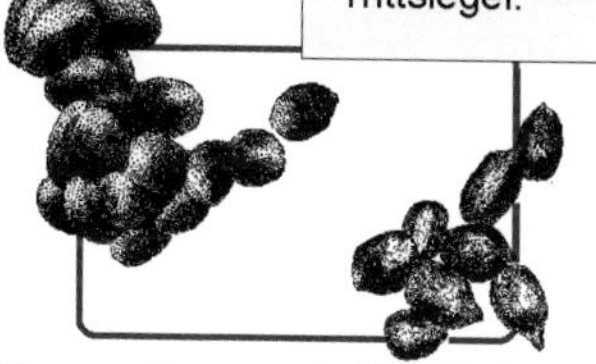

Sommerlosung wird häufig in Klumpenform abgesetzt. Im Winter findet man eher einzelne Bohnen mit ausgezogener Spitze.

Weitere Spuren

Fast vollständig geschälte Bäume. ▷

Verbissene Bäume und Sträucher.

(Kaum unterscheidbar von entsprechenden Spuren anderer Hirscharten.)

Rothirsch

Lat.: *Cervus elaphus*, Engl.: *Red deer (Wapiti)*, Elk, Franz.: *Cerf élaphe*

Kennzeichen: Der Rothirsch ist die größte Art der Gattung der echten Hirsche. Er kommt in zahlreichen geografischen Unterarten vor und ist dementsprechend in seiner Färbung sehr variabel. Im Gegensatz zu den anderen echten Hirschen ist das Fell erwachsener Tiere jedoch niemals gefleckt und der Schwanz ist immer ohne Schwarzweiß-Zeichnung.

Die männlichen Hirsche tragen ein Geweih, das mit zunehmendem Alter immer gewaltiger wird. Es wird jährlich im Februar/März abgeworfen und anschließend erneuert.

Laute: Die bekanntesten Laute sind das Röhren während der Brunft sowie Grunzen, Brummen und Blöken.

Verbreitung: Zerstreut überall in Europa außer in Nordskandinavien und Island. Daneben in Asien und Nordamerika.

Lebensraum: Rothirsche leben in ausgedehnten, halb offenen Waldgebieten. Im Gebirge wandern sie im Sommer bis zur Baumgrenze. Stellenweise kommen sie auch in waldlosen Heide- und Moorgebieten, wie z.B. in den schottischen Highlands, vor.

Junge Rothirsche (he)

Trittsiegel

Die Ballen nehmen nur etwa ein Drittel der Schalenlänge ein. Die Schalenspitzen sind stark abgerundet.

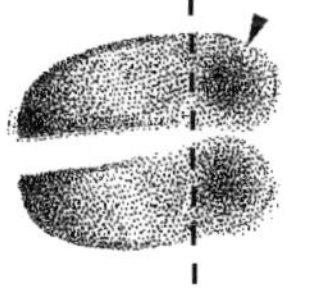

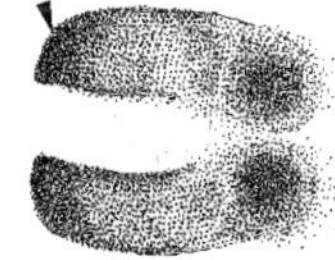

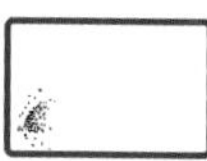

Fährten

Ruhiges Ziehen. **H** wird über **V**-Abdruck gesetzt.

Fluchtfährte mit gespreizten Schalen.

Kot

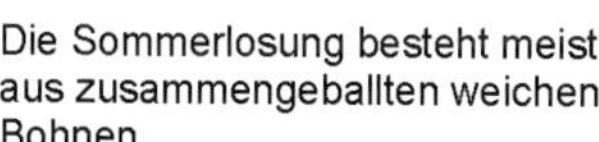

Die Sommerlosung besteht meist aus zusammengeballten weichen Bohnen.
Im Winter findet man größere Mengen Einzellosung, die oft am Ende in Spitzen auslaufen.

Weitere Spuren

Geschälte, verbissene oder durch das „Fegen“ männlicher Hirsche beschädigte Bäume und Sträucher.

Exakte Baumkronen-Untergrenze durch Blattfraß am Waldrand.

Kämpfende junge Rothirsche (he)

Lebensweise: Alte männliche Tiere leben außerhalb der Brunftzeit als Einzelgänger, ihre jüngeren Artgenossen in Rudeln. Die weiblichen Tiere leben mit ihren Kälbern in Rudeln unter Führung einer alten Hirschkuh.

Die tag- und nachtaktiven Tiere können ausdauernd laufen sowie weit und hoch springen. Auch das Durchschwimmen größerer Strecken bereitet ihnen keinerlei Schwierigkeiten.

Die Brunft ist von Ende September bis Mitte Oktober. In dieser Zeit treiben die stärksten Hirsche („Platzhirsche") die Kühe in Rudeln zusammen und verteidigen sie gegen Nebenbuhler. Im Mai/Juni wird in der Regel ein Kalb geboren.

Nahrung: Rothirsche haben ein ausgesprochen großes pflanzliches Nahrungsspektrum. Charakteristisch sind vor allem im Sommer die Schälspuren an Laub- und Nadelbäumen, wo sie die Rinde in Streifen abäsen.

Besonderes: In Nordamerika gibt es sechs Unterarten, von denen einige, wie z.B. das **Wapiti** (*Cervus canadensis*), als eigene Arten angesehen werden.

Reh

Lat.: *Capreolus capreolus*, Engl.: *Roe deer*, Franz.: *Chevreuil*

Kennzeichen: Das Reh gehört zu den kleineren Hirscharten. Die Tiere werden nur etwa 15 bis 35 kg schwer. Durch die nackte schwarze Schnauze und den scheinbar fehlenden Schwanz ist es gut zu erkennen.

Rehe haben im Sommer ein rostbraunes, dünnes und glattes Fell. Im Winter wird es graubraun und dicht. An Stelle des Schwanzes haben sie einen charakteristischen hellen Fleck (Spiegel). Die Jungtiere (Kitze) sind weiß getupft. Das nur etwa 20 cm lang werdende Gehörn der männlichen Tiere (Böcke) hat selten mehr als drei Enden.

Laute: Die Böcke erzeugen Laute, die an Hundebellen erinnern. Die weiblichen Tiere geben ein Fiepen von sich.

Verbreitung: Im größten Teil Europas mit Ausnahme von Island, Irland und dem hohen Norden. Im Mittelmeerraum ist die Verbreitung inselartig. Im nördlichen Asien bis nach China.

Lebensraum: Das Reh lebt bevorzugt in lichten, unterwuchsreichen Laub- und Mischwäldern, in die Lichtungen, Waldwiesen und Felder eingestreut sind.

Reh (he)

Lebensweise: Sie leben einzeln, paarweise oder in kleinen Familienverbänden (Sprünge) zusammen. Die Familienverbände bestehen meist aus einem Weibchen (Ricke) mit ihren Jungen. Größere Rudel sind vorwiegend Notgemeinschaften in äsungsarmen Zeiten oder Zweckgemeinschaften auf Kulturland. Nur zur Paarungszeit im Juli und August halten sich Böcke und Ricken gemeinsam auf. In dieser Zeit markiert der Bock mit seinen Stirndrüsen ein Territorium, das er gegen andere Böcke unter Einsatz seines Gehörns verteidigt. Im Mai oder Juni werden meist ein oder zwei Junge geboren. Bei Gefahr verhält sich das durch die Färbung gut getarnte Kitz ganz ruhig. Die Mutter verlässt es in der Hoffnung, den Feind vom Jungen fortzulocken. Einzeln in der Natur vorgefundene Kitze sind daher in der Regel selten wirklich verwaist. Sie müssen unbedingt an Ort und Stelle gelassen werden und dürfen nicht angefasst werden.
Nahrung: Zarte Blätter und Triebe, Eicheln, Bucheckern, Gräser, Feldfrüchte, Pilze und Getreide

Rehbock (he)

Trittsiegel

Die Schalen sind schmal und laufen spitz zu. Die Ballen sind sehr kurz.

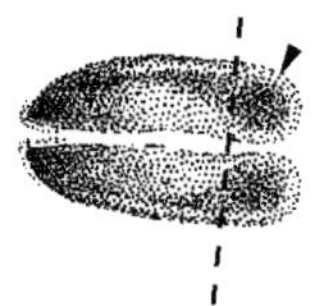

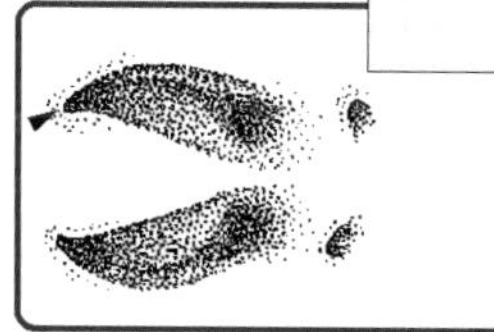

Fährten

Fährte bei ruhiger Gangart. **H** über **V**.

Fluchtfährte. Trittsiegelgruppen können sehr weit auseinanderliegen (Sprünge bis zu 4 Meter !).

Kot

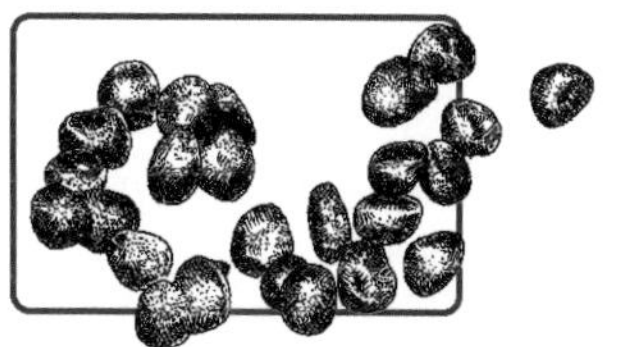

Kotbohnen aus größeren Klumpen sind meist seitlich eingedrückt. Einzelbohnen zeigen eine ausgezogene Spitze.

Weitere Spuren

Verbuschte Bäume durch ständigen Verbiss.

Fegestellen mit Duftmarkierung an kleinen Bäumen.

"Hexenringe" auf dem Waldboden durch Kreislaufen von Bock und Ricke während der Brunftzeit.

Weißwedelhirsch

Lat.: *Odocoileus virginianus*, Engl.: *White-tailed deer*, Franz.: *Cerf de Virginie*

Kennzeichen: Der Weißwedelhirsch wird etwa so groß wie der Damhirsch. Sein im Sommer rotbraunes und im Winter graubraunes Fell ist aber stets ungefleckt.

Kennzeichnend für diese Art ist sein für Hirsche auffallend langer und breiter Schwanz. Er ist oberseits braun und trägt einen hellen Haarsaum. Von der Unterseite ist er leuchtend weiß. Vor allem auf der Flucht ist der Weißwedelhirsch sofort zu erkennen. Er stellt dann seinen Schwanz auf und wedelt mit der leuchtenden Unterseite wie mit einer Fahne.

Laute: Kälber können leise blöken, die Kühe geben einen murmelnden Laut ab, um die Kälber zu sich zu rufen, und die Hirsche können schnauben und pfeifen.

Verbreitung: Die Heimat der Weißwedelhirsche ist Nord-, Mittel- und das nördliche Südamerika, sie sind dort die häufigste Hirschart. In Europa sind sie im Südwesten Finnlands erfolgreich eingebürgert worden.

Weißwedelhirsch (he)

Trittsiegel

Sehr spitze Schalen. Die Ballen nehmen etwa die Hälfte der Schalenlänge ein.

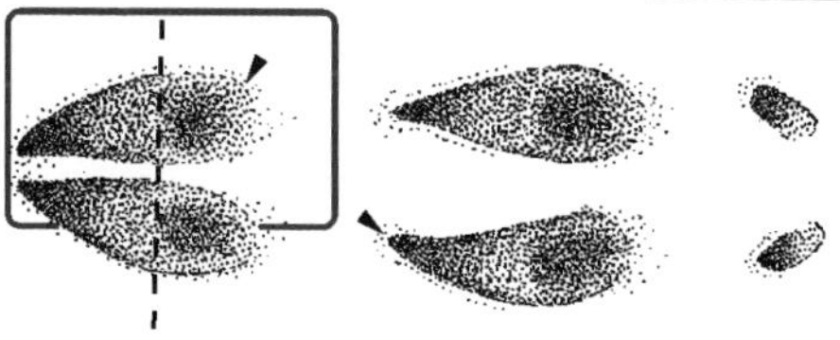

Fährte

Beim ruhigen Ziehen überdecken die **H** die Abdrücke der **V** fast vollständig.

Kot

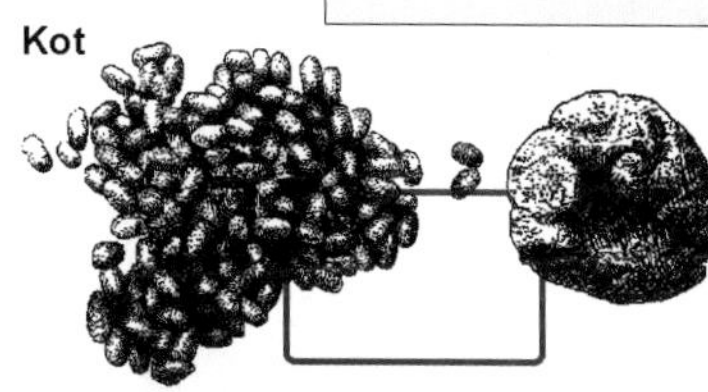

Winterlosung. Nach trockener Nahrung werden gleichmäßig geformte Einzelbohnen abgesetzt.

Sommerkot. Durch wasserreiche Kräuternahrung breiige Fladen.

Weitere Spuren

Verbiss an jungen Zweigen. Kein glatter Schnitt wie von Hasentieren. ▷

Schälspuren an Rinden von Laub- und Nadelbäumen.

Weißwedelhirschkalb (he)

Lebensraum: Wälder aller Art sowie sumpfige Landschaften
Lebensweise: Die tag- und dämmerungsaktiven Tiere sind sehr scheu. Sie leben einzeln oder in kleineren Familientrupps, finden sich im Winter aber auch zu größeren Rudeln zusammen.

Während der im November liegenden Brunft kommt es immer wieder zu Kämpfen zwischen rivalisierenden Männchen. Dabei kann es vorkommen, dass sich zwei Hirsche so mit den Geweihen verheddern, dass sie nicht wieder voneinander loskommen und zu Grunde gehen.

Nach einer Tragzeit von sieben bis acht Monaten werden meist zwei Junge, manchmal sogar drei geboren. Der Weißwedelhirsch ist in Nordamerika zu einem Kulturfolger geworden, ähnlich wie das Reh in unseren Breiten.

Nahrung: Gräser, aber auch Getreide und Mais sowie Beeren, Nüsse und Äpfel. Im Winter Zweige und Blätter von Sträuchern.

Besonderes: In den Bergen und Wüsten im Westen Nordamerikas kommt ein ähnlicher Vertreter, der **Maultierhirsch** (*Odocoileus hemionus*), vor. Er ist etwas kleiner, hat keinen so auffälligen Schwanz, dafür aber größere Ohren (Maultier!).

Elch

Lat.: *Alces alces*, Engl.: *Elk (Moose)*, Franz.: *Elan*

Kennzeichen: Der Elch ist die größte lebende Hirschart der Welt. Auffallend sind seine langen Beine, die breite überhängende Oberlippe (Muffel) und das bei älteren männlichen Tieren schaufelförmige Geweih, das bis zu 2 m breit und 20 kg schwer werden kann. Starke Bullen können fast eine Tonne wiegen.

Laute: Dumpfes Brüllen und Stöhnen

Verbreitung: Skandinavien, Nordosteuropa, in ganz Sibirien und in den Waldzonen Kanadas und Alaskas

Lebensraum: Die Tiere sind Bewohner lichter, feuchter Wälder mit ausgedehnten Mooren und Sümpfen. Dabei bevorzugen sie Laubwälder. Im Sommer halten sie sich auch in der Bergtundra bis in Höhen von 2.500 m auf.

Lebensweise: Außerhalb der Brunft leben Elche zumeist als Einzelgänger. Besonders aktiv sind sie in den Dämmerungsstunden. Während

Elchkuh mit ihren Kälbern (ww)

Elchbulle (ww)

der für Hirsche relativ ruhigen Brunft im Herbst leben sie meist paarweise zusammen, wobei es gelegentlich zwischen den Bullen zu Kämpfen um die Weibchen kommt. Nur selten hat ein Bulle mehrere Kühe, wenn doch, so handelt es sich in der Regel um Mutter und Tochter. Nach der Brunft trennen sie sich wieder. Von April bis Ende Mai bzw. Anfang Juni werden meist zwei ungefleckte, gelbbraune Kälber geboren. Die guten Läufer (es wurden schon Spitzengeschwindigkeiten bis zu 55 km/h gemessen) und Schwimmer haben keine festen Reviere. Sie streifen weit umher und legen täglich ca. 5 km zurück. Manche Tiere dringen dabei weit nach Süden bis Mitteleuropa vor.

Nahrung: Blätter, junge Triebe, Zweige, Flechten sowie Rinde von Laubbäumen. An Laubbäumen hinterlassen sie charakteristische Fraßspuren.

Besonderes: Im Gegensatz zu den anderen Hirscharten lassen sich Elche leicht zähmen und bleiben auch nach Eintritt der Geschlechtsreife zahm.

In Russland werden sie als Zugtiere sowie zur Fleisch- und Milchgewinnung gehalten.

Trittsiegel

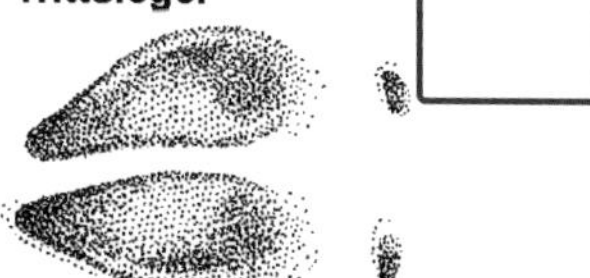

Großes Trittsiegel mit leicht spitz zulaufenden Schalen.

Fährten

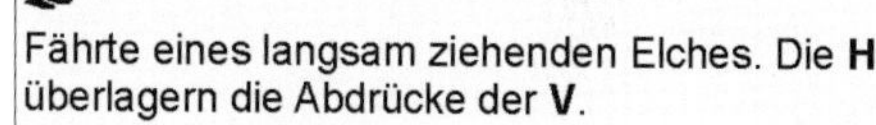

Fährte eines langsam ziehenden Elches. Die **H** überlagern die Abdrücke der **V**.

Trab mit leicht gespreizten Schalen.

Kot

Frühjahrskot nach Grasnahrung.

Sommerkot nach Verzehr von Sumpfvegetation.

Winterkot. Gras- und Rindennahrung.

Weibchen

Männchen

Verschiedene Bohnenformen.

Weitere Spuren

Fraßspuren an Laubbäumen. ▷

Brunftkuhlen, durch Elchbullen ausgescharrt.

Durch Fegen beschädigte Bäume.

Ren

Lat.: *Rangifer tarandus*, Engl.: *Reindeer (Caribou)*, Franz.: *Renne*

Kennzeichen: In Größe und Färbung ist das Ren sehr variabel. Das dichte Fell ist meist schwarzbraun bis dunkelbraun gefärbt mit weißem Hals und weißer Halsmähne. Im Winter wird das Fell deutlich heller. Manche Tiere sind dann fast ganz weiß. Die Kälber sind einfarbig dunkelgelb. Die schwersten Tiere wiegen über 300 kg. Manche bringen dagegen nur 60 kg auf die Waage. Trotz dieser Variabilität sind Rene kaum mit anderen Hirscharten zu verwechseln. Auffallend sind die breiten Hufe und das in der Regel deutlich asymmetrische Geweih. Das Ren ist in Europa die einzige Hirschart, bei der auch die Weibchen ein Geweih tragen.
Laute: Röhren, Grunzen und Brummen
Verbreitung: Norwegen, Finnland, Spitzbergen, Grönland, nördliches Asien, Nordamerika. Domestizierte Tiere wurden vielfach außerhalb ihres natürlichen Verbreitungsgebietes angesiedelt, so z.B. auf Island oder in Schottland.

Rentiere 📷 *Michael Hennemann*

Trittsiegel

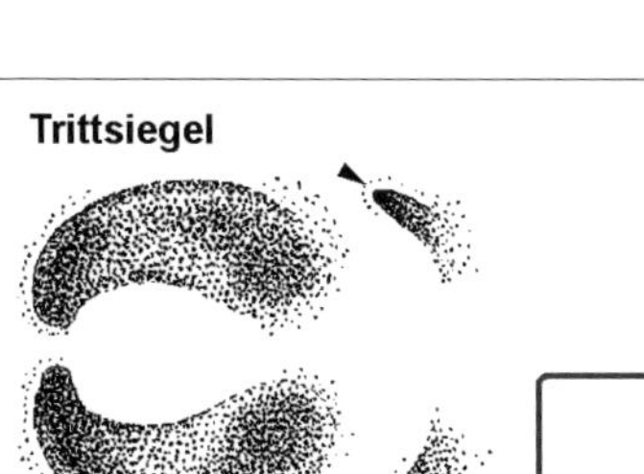

Typische Halbmondform der Schalen. Die Afterklauen - insbesondere die der **V** - sind meist im Abdruck zu erkennen.

Fährte

Beim ziehenden Rentier liegen die Abdrücke der **H** leicht zurückgesetzt oder direkt über denen der **V**.

Kot

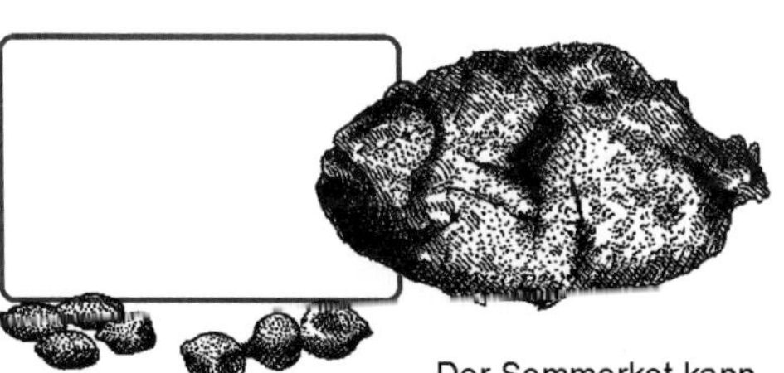

Im Winter besteht der Kot aus unregelmäßig geformten Einzelbohnen.

Der Sommerkot kann bei wasserreicher Nahrung breiig bis kompakt sein.

Lebensraum: Das Rentier lebt in der arktischen Tundra, der gemäßigteren Waldtundra und in nordischen Gebirgsgegenden.

Lebensweise: Weibchen und jüngere Männchen leben unter Führung eines erfahrenen Weibchens in großen Rudeln, die aus mehreren hundert Tieren bestehen können. Ältere Männchen sind oft Einzelgänger oder leben in kleineren Gruppen. Zur Paarungszeit im Herbst sammeln die stärksten Männchen eine Gruppe von 20 und mehr Weibchen um sich. In dieser Zeit kommt es zu häufigen Kämpfen rivalisierender Männchen. Nach einer Tragzeit von etwa acht Monaten wird im Mai oder Juni meist ein Junges geboren. Rentiere können gut schwimmen und ausdauernd laufen. Ihre breiten Hufe verhindern das Einsinken in Schnee, Eis und Mooren.

Nahrung: Gräser, Moose, Flechten, Kräuter und Pilze sowie Blätter von Zwergweiden und -birken

Besonderes: Man unterscheidet etwa 20 verschiedene Unterarten des Rens. Neben dem **Nordeuropäischen Ren** ist vor allem das viel größere **Kanadische Waldren** zu nennen, das unter der Bezeichnung „Karibu“ bekannt ist.

Karibu-Geweih 📷 *Astrid Huber*

Bison

Lat.: *Bison bison*, Engl.: *American bison*, Franz.: *Bison américain*

Bison (le)

Kennzeichen: Der Bison ist das mächtigste Säugetier des amerikanischen Kontinents. Alte Bullen erreichen eine Kopf-Rumpf-Länge von drei Metern und werden, bei einem Gewicht von bis zu einer Tonne, fast zwei Meter hoch. Die Weibchen bleiben erheblich kleiner und leichter.

Unverwechselbar sind die Tiere durch das relativ schlanke Hinterteil und das überproportional entwickelte Vorderteil mit dem massigen, breiten Schädel.

Die Haare werden, besonders am Vorderteil, bis zu 50 cm lang. Die seitlich vom Schädel abgehenden Hörner sind kurz. Sie bilden nach hinten oben einen einfachen Bogen.

Laute: Dumpfes Grunzen und Brüllen.

Verbreitung: Vor der Besiedelung Amerikas durch weiße Einwanderer großräumig über weite Gebiete ganz Nordamerikas verbreitet. Dann

von den weißen Siedlern in kurzer Zeit fast völlig ausgerottet. Heute nur noch wenige Herden in einigen Schutzgebieten Kanadas und den USA.
Lebensraum: Im offenen Grasland, eine Unterart (**Waldbison**) auch in aufgelockerten Wäldern.
Lebensweise: Die Bisons leben in Bullen- und Kuhgruppen. Nur während der Fortpflanzungszeit von Mai bis September vereinigen sich diese Gruppen zu Großherden, die früher unvorstellbare Größen hatten. Sie durchziehen das Grasland und unternehmen weite Wanderungen, um dem jeweiligen Nahrungsangebot zu folgen. Dabei sind sie sowohl tags als auch nachts aktiv. Sie sind sehr wehrhaft und greifen auch Menschen blitzschnell an, wenn sie sich in die Enge getrieben fühlen. Die Tragzeit beträgt neun Monate. In der Regel wird nur ein Kalb geboren.
Nahrung: Gräser und Kräuter, der Waldbison auch Blätter, Triebe und Rinde von Bäumen und Sträuchern
Besonderes: Das **Wisent** (*Bison bonasus*), die in Europa beheimatete Schwesterart des Bisons, wurde in freier Wildbahn nahezu ganz ausgerottet. Außer in Gehegen leben diese majestätischen Tiere heute nur noch in einzelnen kleinen Herden in Polen, Russland und Rumänien.

Wisent

Trittsiegel

Bison- und Wisentabdrücke sind leicht mit denen vonHausrindern zu verwechseln. Sie haben eine etwas rundere Form. **H** kleiner als **V**. Wisenttrittsiegel sind etwas kleiner als die von Bisons.

Fährte

Ruhig ziehende Bisons und Wisente treten mit ihren **H** in die Abdrücke der **V**.

Kot

Kot wird in Form von Fladen oder - bei trockenerer Nahrung - in kleineren "Büffel-Chips" abgesetzt.

Wisent

Schneeziege

Lat.: *Oreamnos americanus*, Engl.: *Rocky Mountain goat*,
Franz.: *Chèvre des Montagnes Rocheuses*

Kennzeichen: Die hausziegengroßen Schneeziegen sind das ganze Jahr über leuchtend weißgelb bis schneeweiß gefärbt. Das raue Fell hat viele lange Grannenhaare mit einer, besonders im Winter, dichten Unterwolle.

Hufe und Hörner sind im Winter schwarz, im Sommer weißlichgrau. Der Kontrast des weißen Felles mit den schwarzen Hufen und Hörnern bietet im Winter im natürlichen Lebensraum eine gute Schutzfärbung. Das teilweise mit Schnee bedeckte schwarze Felsgeröll hat eine ähnliche Färbung, so dass die Schneeziegen mit der Umgebung verschwimmen.

Wie bei den Gämsen haben auch sie hinter den Hörnern je eine versteckte Duftdrüse, die man bei den Gämsen „Brunftfeigen“ nennt. Die Weibchen besitzen vier Zitzen.

Laute: Blöken, Meckern

Verbreitung: Westliches Nordamerika von Alaska bis Oregon

Lebensraum: Schneeziegen sind ausgesprochene Hochgebirgstiere des nordamerikanischen Felsengebirges.

Lebensweise: Schneeziegen halten sich in der Regel oberhalb der Baumgrenze auf, steigen zum Weiden aber auch in die Täler hinab. Sie sind gewandte Kletterer und können erstaunlich weit springen. Obwohl sie relativ standorttreu sind, verteidigen sie kein eigenes Territorium. Allerdings kommt es manchmal vor, dass die Böcke ihre Weibchen gegen Rivalen verteidigen. Bei solchen Kämpfen kann es hin und wieder zu Todesfällen kommen. Die Weibchen leben in Rudeln, zu denen sich Männchen gesellen. Die Männchen stehen in der Rangordnung eines Rudels unter den Weibchen, die ein Männchen nicht selten mit heftigen Rippenstößen traktieren. Häufig buhlen in einem Rudel mehrere Böcke um die Weibchen. Die Böcke leben meist friedlich nebeneinander, halten aber einen gewissen Abstand zueinander ein. Die Tragzeit beträgt sechs Monate, meist werden zwei Lämmer geboren.

Trittsiegel

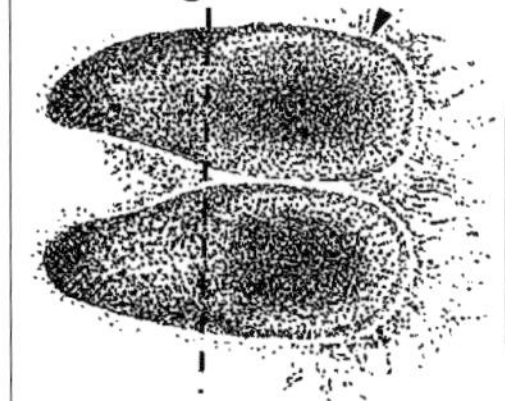

Die Ballen nehmen etwas mehr als die Hälfte der Schalen ein. Starke Behaarung, die auch in der Spur sichtbar wird.

Fährte

Bei langsamer Gangart treten die **H** dicht hinter den Abdrücken der **V** auf, überlagern diese aber selten.

Kot

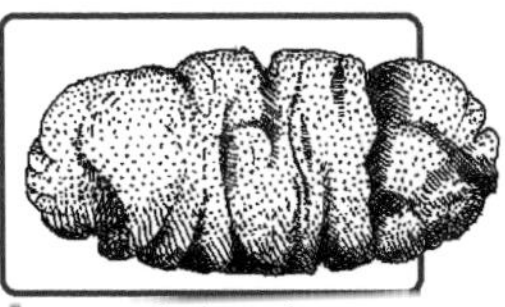

Sommerkot nach wasserreicher Nahrung.

Kot in der Übergangsphase zu trockenerer Nahrung im Herbst.

Winterlosung. Einzelpellets bei wasserarmer Nahrung. ▷

Nahrung: Die Tiere fressen fast alle Pflanzen, die sie finden.
Besonderes: Die Schneeziegen sind eng mit unseren Gämsen verwandt und müssten daher eigentlich „Schneegämsen“ heißen.

Dickhornschaf

Lat.: *Ovis canadensis*, Engl.: *Bighorn sheep*, Franz.: *Mouflon du Canada*

Weibchen und Lämmer des Dickhornschafes (le)

Kennzeichen: Die zu den Wildschafen gehörenden Dickhornschafe sind durch ihre typische Gestalt sofort als Schafe zu erkennen. Sowohl Weibchen als auch Männchen tragen Hörner, die sich in einer eindrucksvollen, weiten Schleife nach außen winden, wobei die Hörner der Weibchen kleiner als die der Männchen sind. Die Farbe des Fells kann je nach Unterart, Alter, Geschlecht und Jahreszeit variieren.
Laute: Blöken, Meckern
Verbreitung: Sibirien, Nordamerika
Lebensraum: Wildschafe sind in der Wahl ihres Lebensraumes sehr anspruchslos. Sie können offenes, raues Gelände ebenso bewohnen wie felsige Landschaften der Hoch- und Mittelgebirge.
Lebensweise: Schafe sind gute Kletterer, die in kleineren oder größeren Gruppen zusammenleben. In der jeweiligen Gruppe herrscht eine strenge Rangordnung, die offensichtlich von der Größe der Hörner abhängt.

Böcke mit etwa gleich großen Hörnern führen untereinander Kämpfe aus, die bis zu 20 Stunden andauern können.

Die Verlierer solcher Kämpfe und Böcke mit kleineren Hörnern benehmen sich wie Weibchen und werden auch von den ranghöheren als solche behandelt.

Nahrung: Schafe sind wenig wählerisch in Bezug auf ihre Nahrung. Sie fressen nahezu alle Kräuter und Gräser, die sie finden. Sogar für andere Tierarten giftige Pflanzen werden verzehrt. Als Leckerbissen gelten anscheinend Knospen und Triebe von Sträuchern und Bäumen.

Besonderes: Die zoologische Systematik der verschiedenen Wildschafrassen ist sehr kompliziert und unter Fachleuten strittig. Manche Wissenschaftler fassen alle Typen in nur zwei Arten zusammen und behandeln die anderen als Unterarten, während andere Forscher von sehr viel mehr eigenständigen Arten ausgehen.

Insgesamt hat man etwa 40 verschiedene Formen beschrieben, zu denen u.a. auch das in Alaska verbreitete **Dallschaf** *(Ovids dalli)* und das in Sibirien beheimatete **Kamtschatka-Schaf** *(Ovids n. nivicola)* gehören.

Dickhornschafe (mm)

Trittsiegel

Die Trittsiegel sind leicht mit Hirschspuren zu verwechseln. Die Schalen sind aber weniger spitz als bei Hirschen vergleichbarer Größe.

Fährte

Die **H** treten mehr oder weniger exakt in die Abdrücke der **V**. Bei Sprüngen hinterlassen Dickhornschafe paarweise nebeneinanderliegende Trittsiegel.

Kot

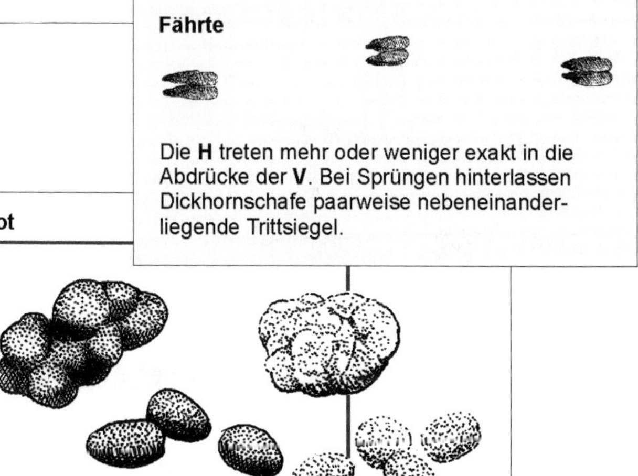

Der Kot ist sehr variabel in Form, Konsistenz und Farbe. Holzige Nahrung führt zu helleren Einzelpellets, wasserreiche eher zu dunklem, massigem Kot.

Moschusochse

Lat.: *Ovibos moschatus*, Engl.: *Musk ox*, Franz.: *Boeuf musqué*

Kennzeichen: Moschusochsen, die weniger mit Rindern als mit Schafen und Ziegen verwandt sind, haben einen gedrungenen Körper mit dichter, ungewöhnlich langer Behaarung, woran sie sofort zu erkennen sind. Durch das an den Seiten weit herabhängende Haarkleid erscheinen die Tiere sehr kurzbeinig. Kopf und Hals sind kurz und breit.

Die Hornbasen des Gehörns sind plattenartig verbreitert und stoßen in der Mitte der Stirn zusammen. Die Hörner verlaufen zunächst abwärts entlang der Seiten des Kopfes und biegen sich dann wieder nach oben. Bei Männchen können sie bis zu 70 cm lang werden.

Manche Männchen bringen ein beachtliches Gewicht von nahezu 400 kg auf die Waage. Dabei erreichen sie eine Kopf-Rumpf-Länge von 2,5 m. Weibchen sind deutlich kleiner und leichter.

Laute: Blöken, Brüllen

Verbreitung: Arktische Gebiete Nordamerikas und auf Grönland. Im europäisch-asiatischen Teil der Arktis waren sie seit der letzten Eiszeit ausgestorben, sind aber vor einem guten halben Jh. auf Spitzbergen und in Norwegen (Dovrefjell) wieder angesiedelt worden. Von Norwegen aus ist ein Rudel nach Südschweden (Härjedalen) übergewechselt.

Lebensraum: Tundra

Lebensweise: Moschusochsen sind gesellige Tiere, die im Sommer in kleineren Rudeln zusammenleben. Im Winter schließen sich diese Gruppen zu großen Herden von mehr als 100 Tieren zusammen.

Nach einer Tragzeit von neun Monaten wird im April oder Mai in der Regel nur ein Kalb geboren, das bis zu einem Jahr lang gesäugt wird. Obwohl die Tiere schnell und gut laufen können, sind sie standorttreu und fliehen bei Gefahr in den meisten Fällen nicht. Um ihre Jungen, z.B. vor einem Angriff von Wölfen, zu schützen, bilden sie einen Kreis um die Kälber und richten die Köpfe mit den großen Hörnern gegen die Angreifer.

Nahrung: Moschusochsen fressen Gräser, Seggen, Kräuter, Zwergsträucher, Moose und Flechten der Tundrenvegetation.

Trittsiegel

Spuren sind nicht von Hausrinderabdrücken unterscheidbar. Jedoch: Kein gemeinsames Vorkommen.

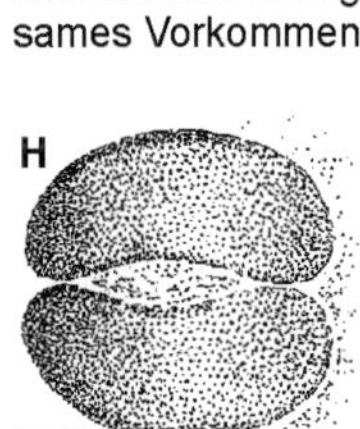

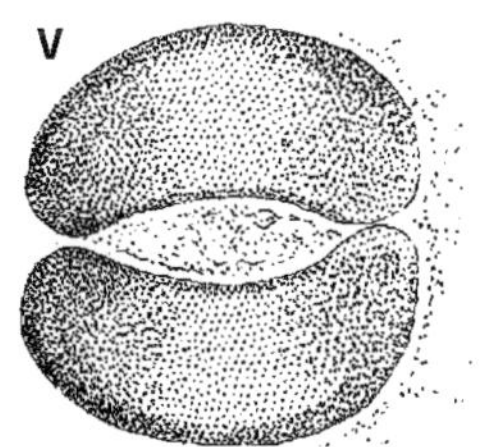

Fährte

Die Abdrücke der **V** werden meist von den **H** berührt, selten aber direkt überlagert.

Kot

Winterkot besteht aus einzelnen Pellets, die in kleinen Mengen abgesetzt werden.

Die Pellets des Sommerkots kleben stärker zusammen und bilden größere Klumpen. Er ist heller gefärbt als der Winterkot.

Buchtipps aus dem

Essbare Wildpflanzen

Hartmut Engel & Iris Kürschner
OutdoorHandbuch Band 5
Basiswissen für draußen
134 Seiten ▸ 84 farbige Abbildungen
80 farbige Illustrationen

ISBN 978-3-86686-375-0

>> Zeitschrift **Auf einen Blick**: „*Wertvolle Hinweise zum Sammeln, zur Zubereitung und auch zum Anbau gibt das Buch* Essbare Wildpflanzen.“

How to shit in the Woods

Kathleen Meyer
OutdoorHandbuch Band 103
Basiswissen für draußen
118 Seiten ▸ 29 schwarz-weiße Abbildungen
10 Illustrationen

ISBN 978-3-86686-103-9

>> **Trekkingbike**: „*Ein erfrischend locker und informativ geschriebenes 'Fachbuch', jedem ans Herz zu legen, der draußen schon einmal musste, oder dem das noch bevorsteht.*“

Wale beobachten

Fabian Ritter
OutdoorHandbuch Band 25
Basiswissen für draußen
159 Seiten ▸ 35 farbige Abbildungen
27 farbige Illustrationen

ISBN 978-3-86686-025-4

>> **Ein Herz für Tiere**: „*Unverzichtbar für sanftes Whale Watching in Europa und Übersee.*“

Conrad Stein Verlag

Allein im Wald

Colleen Politano
OutdoorHandbuch Band 14
Basiswissen für draußen
87 Seiten ▸ 33 farbige Abbildungen
18 Illustrationen zum Ausmalen

ISBN 978-3-86686-014-8

>> **tz**: *„Hätten Hänsel und Gretel nur dieses Buch gehabt! [...]. Große Schrift und Ausmalbilder machen das Buch vollends kindgerecht.“*

Wandern mit Kind
zu Fuß · per Rad · mit Kanu

Kerstin Micklitza
OutdoorHandbuch Band 15
Basiswissen für draußen
91 Seiten ▸ 32 farbige Abbildungen
13 farbige Illustrationen

ISBN 978-3-86686-015-5

>> **Nordis**: *„Auf lockere, unterhaltsame Art erhält der Leser eine Vielzahl von Tipps und Hinweisen, die ihm bei Outdooraktivitäten mit Kind(ern) nützlich sein werden.“*

Abenteuer Yukon

Matthias Hanke & Simone Reimann
OutdoorHandbuch Band 309
FernwehSchmöker
192 Seiten ▸ 24 farbige Abbildungen
46 Flussroutenkarten

ISBN 978-3-86686-357-6

>> **ekz**: *„Der Titel, interessant und abwechslungsreich geschrieben und mit einigen Farbfotos illustriert, hat einen guten praktischen Nutzwert.“*